南水北调西线一期工程调水区生态环境需水量研究

——雅砻江干流河道内生态需水量研究

吴春华　牛治宇
陈昭友　王振刚　编著

黄 河 水 利 出 版 社

内容提要

本书在总结国内外研究成果的基础上，归纳和讨论了有关生态环境需水的概念、内涵与分类等有关生态环境需水的一般理论，在此基础上构建了一个较为明晰的生态环境需水的理论体系，同时对现有的计算方法进行整理和分类，并创新性地运用水文与生态相结合的方法研究了南水北调西线工程雅砻江干流河道内生态需水量，以期为河道内生态需水的进一步研究提供新的思路，为可调水量论证提供科学依据。

本书可供从事河道生态需水和可调水工作的科研工作者阅读参考。

图书在版编目(CIP)数据

南水北调西线一期工程调水区生态环境需水量研究：雅砻江干流河道内生态需水量研究/吴春华等编著.
郑州：黄河水利出版社，2007.8
ISBN 978-7-80734-237-3

Ⅰ．南…　Ⅱ．吴…　Ⅲ．南水北调-水利工程-生态环境-需水量-研究　Ⅳ．TV68　X321.2

中国版本图书馆 CIP 数据核字(2007)第 115013 号

出 版 社：黄河水利出版社
地址：河南省郑州市金水路 11 号　邮政编码：450003
发行单位：黄河水利出版社
发行部电话：0371-66026940　传真：0371-66022620
E-mail：hhslcbs@126.com
承印单位：黄委会设计院印刷厂
开本：890 mm×1 240 mm　1/32
印张：6.5　插页：4
字数：187 千字　印数：1—1 000
版次：2007 年 8 月第 1 版　印次：2007 年 8 月第 1 次印刷

书号：ISBN 978-7-80734-237-3/TV·516　定价：18.00 元

前　言

南水北调西线工程是从长江上游调水到黄河上游的大型跨流域调水工程，是补充黄河水资源不足、解决我国西北地区干旱缺水、为黄河治理开发提供水源保障的重大战略措施。西线工程区位于青藏高原东部，根据规划，工程分三期实施，分别从海拔 3 500m 左右的雅砻江、大渡河、金沙江上游调水入黄河，总调水量 170 亿 m^3。其中，一、二期工程合并后的第一期工程为从雅砻江干流和支流达曲、泥曲，大渡河支流色曲、杜柯河、玛柯河、阿柯河调水到黄河的自流引水线路，调水量 80 亿 m^3，引水线路总长度 320. 85km。目前，西线一期工程正在进行项目建议书阶段的工作。

南水北调西线工程的研究范围涉及长江、黄河两大流域，研究内容包括经济社会发展、水资源开发利用、生态环境建设等各个方面。然而由于工程所处的地理位置特殊，水文气象、地形地质等基础资料相对缺乏，因此研究工作难度大，涉及因素多、范围广，在工程勘测、规划、设计中要解决的问题十分宽泛和复杂，不少研究课题都是极具挑战性的。在超前期、规划和正在开展的项目建议书阶段多年来的工作中，黄河勘测规划设计有限公司进行了大量的基础资料收集、分析以及工程区地质勘察工作，调水工程的分析论证工作逐步深入，对很多问题有了初步认识，面临的关键技术问题和研究重点也越来越突出。

调水后河道水量减少，坝址下游河道用水将受到一定影响。根据引水河流河道内外各部门用水需求分析，坝址下游河道主要用水需求为生态环境用水。西线工程地处四川盆地向青藏高原的过渡地带，地貌类型复杂，气候类型多样，生态资源丰富，具有独特的生态环境特征。特别是该地区受人类活动影响较小，生态环境基本保持原始自然状态，生物多样性保存也较为完好。因此，为充分反映调水区生态环境的用水需求，尽可能减少调水影响，达到南北两利、环境和经济双赢的调水目标,必须全面客观、科学合理地分析调水河流生态环境的用水需求,为调水工程可调水量的确定提供可靠、科学的依据。

当前,生态环境需水量计算方法的研究取得了一定的进展,为水资源合理利用提供了基础性的依据。但是,生态环境需水量研究还缺乏统一的概念和理论,对计算方法的研究也不够深入和完善,基本停留在定性分析与宏观定量阶段。另外,由于水和生态的关系非常复杂,生态需水研究尚处在初级阶段,其理论研究还处在探索之中,计算方法还不能全面、真实地反映实际情况,计算结果可能存在较大风险,尤其是西线调水区独特的生态环境,更需要探索出适合其独特生态环境的生态需水计算方法与理论体系。并且,生态需水与气候、水文、地理、地质、社会经济等密切相关,在使用这些方法时,必须充分考虑其适用条件,并需进行相关理论的进一步研究。

为既最大限度地保护调水区独特的生态环境和当地发展利益,又能最大限度地发挥工程效益,必须在项目实施之前进行调水河流生态需水量的研究。因此,采用适合于西线独特生态环境的方法计算生态需水量,对调水河流引水坝址下游生态环境需水量进行研究,具有重要的理论意义和现实意义。

因作者水平有限,对于书中存在的缺点、错误和疏漏,恳切希望广大读者批评指正。

编著者

2007 年 3 月

目　录

第1章　研究背景及目的

1.1　南水北调西线第一期工程概况

1.1.1　工程概况

南水北调西线第一期工程位于青藏高原东南缘,地理坐标介于东经99°20′~102°10′,北纬31°30′~33°20′之间。涉及3省4州7县,即青海省果洛藏族自治州班玛县,四川省甘孜藏族自治州德格、甘孜、色达县与阿坝藏族羌族自治州壤塘、阿坝县,甘肃省甘南藏族自治州玛曲县。东距成都约400km,北距西宁约750km。

引水坝址调水河流位于雅砻江干流上游甘孜段、雅砻江支流鲜水河上游的达曲和泥曲,大渡河西源绰斯甲河上游的色曲和杜柯河、大渡河东源足木足河上游的玛柯河和阿柯河(见附图1)。调入江水通过长隧洞直接进入黄河干流,入黄口高程3 442m,位于贾曲(黄河一级支流)入黄口上游3.7km处。引水坝址区海拔高程介于3 400~3 600 m之间,处于丘塬地貌向高山峡谷过渡区。

1.1.2　坝址概况

调水河流的6座坝址分别是:雅砻江的热巴,达曲的阿安,泥曲的仁达,杜柯河的珠安达,玛柯河的霍那和阿柯河的克柯(见表1-1)。

1.2　研究进展与基础

河流生态环境需水量研究始于20世纪40年代,美国鱼类和野生动物保护协会首先研究了河道内流量,提出了确定自然河流和景观河流基本流量的河道内流量法。70年代美国环境和淡水资源需求的定

表 1-1　南水北调西线第一期工程坝址概况

调水河流		坝址名称	坝址高程(m)	坝轴线坐标		多年年平均流量(m^3/s)	面积(km^2)
				北纬	东经		
雅砻江干流		热巴	3 527.0	32°06′01″	99°24′05″	192.6	26 535
雅砻江支流	达曲	阿安	3 604.0	31°54′37″	100°06′07″	33.5	2 540
	泥曲	仁达	3 598.0	31°54′56″	100°12′31″	36.0	4 600
大渡河支流	色曲	洛若	3 747.0	32°08′27″	100°26′34″	14.5	1 500
		河西	3 604.0	32°00′25″	100°31′44″		
	杜柯河	珠安达	3 539.0	32°24′55″	100°42′23″	45.6	4 618
		上杜柯				45.4	4 800
	玛柯河	霍那	3 544.0	32°54′52″	100°42′06″	35.8	4 035
		扎洛				44.2	4 900
	阿柯河	克柯	3 485.0	32°54′53″	101°18′51″	18.1	1 500

量研究得到了飞速发展。80 年代,部分国家对生态环境需水进行比较系统的研究,如美国、澳大利亚、英国、日本、南非,但是亚洲、东欧、拉丁美洲和非洲的多数国家缺少这方面的研究。我国对生态环境需水的研究起步较晚,直到 90 年代,由于河道断流、河流污染、河流生态系统退化等问题日益严重,生态环境需水才被提上日程,并逐渐成为水资源及相关领域的研究热点。

目前,国际上对河流生态需水还没有统一的概念,缺乏明确的定义,只是用与河流生态需水相关、相近的概念代替。使用较为广泛和通用的概念是枯季流量、河道内流量需求、最小可接受流量等。国内外生态环境用水量计算方法的研究取得了一定的进展,为水资源合理利用提供了基础性的依据。国外对生态环境需水量的研究主要集中在河流方面,并已形成一套比较成熟的计算方法体系;国内则主要是针对某一生态功能或某个区域的方法研究。但是,生态环境需水量研究还缺乏统一的概念和理论,对计算方法的研究也不够深入和完善,基本停留在定性分析与宏观定量阶段。另外，由于水和生态的关系非常复杂，生态需水研究尚处在初级阶段，其理论研究还处在探索之中，计算方法还不能全面、真实地反映实际情况，计算结果可能存在较大风险，仍然存在着许多尚待进一步研究的问题：①强化生态环境需水量的基础理论（概念、分类和计算方法等）研究；②研究适合我国不同类型生态环境需水量的计算方法；③拓展生态需水量的应用性研究等。

从2001年开始，南水北调西线第一期工程进入项目建议书阶段。工作区域重点集中在大渡河和雅砻江上游的6条支流和雅砻江干流。2001～2005年，黄河勘测规划设计有限公司（原水利部黄河水利委员会勘测规划设计研究院）先后4次组织环境、移民、水土保持等专业人员深入现场，进行了大规模的外业查勘调查。通过与当地政府及水利、环境保护、畜牧、林业、国土资源、城建、卫生防疫、宗教等部门进行座谈，收集了大量的基础资料。2004年其委托中国科学院地理科学与资源研究所、成都生物研究所、青海盐湖研究所，中国水利水电科学研究院，四川省水文水资源勘测局等单位，分别承担完成了调水区下游生态环境需水量研究、工程影响区干旱河谷分布现状与影响分析、调水影响区域生物本底调查及影响预测、调水对下游河道水环境质量影响预测和引水坝址水质本底监测等研究工作。在大量的外业查勘、收集资料与委外专题研究的基础上，在生态环境方面开展了如下问题的研究：①调水地区生物本底值调查及影响预测；②对陆生动植物影响分析；③对水生生物影响分析；④对干旱河谷分布及影响分析；⑤对河道水环境影响预测；⑥调水区山地灾害调查与专题评价；⑦调水坝址断面水质监测；⑧调水河流生态环境用水量研究。这些均为本课题的研究奠定了良好的基础。

1.3 研究目的及意义

尽管南水北调工程将面临许多新的挑战，但它与20世纪中国的北煤南运和21世纪初进行的西气东输、西电东送工程一样，都是一种资源配置工程，综观世界上其他国家，在资源利用和资源在国土上的分布不可能完全一致的情况下，随着国家社会经济发展，就必须对资源进行相应的优化配置。从这个道理上讲，南水北调是中国社会经济发展的必然选择。

从生态环境的角度来看，南水北调西线工程不仅仅是一项跨流域调水工程，还是一项规模宏大的生态环境工程。调水对生态环境产生的不利影响主要集中在调水区，有利影响主要集中在干旱缺水的受水区。西线工程3条调水线路从通天河、雅砻江、大渡河多年平均年调水总量为170亿 m^3，将使引水枢纽下游局部河段径流量明显减少，对生态与环境的影响比较复杂。

为保证下游良好的生态环境，南水北调西线工程河流生态需水量需要科学的论证、充足的依据。尤其是由于西线调水区具有独特的生态环境，所以更需要探索出适合其独特生态环境的生态需水计算方法与理论体系。因此，调水河流生态需水量的研究对于维持调水河流生态系统健康及论证工程的可调水量具有重要意义。

本研究在总结国内外研究成果的基础上，归纳和探讨了有关生态环境需水的概念、内涵与分类等有关生态环境需水的一般理论，在此基础上构建了一个较为明晰的生态环境需水的理论体系，同时对现有的计算方法进行了整理和分类，并创新性地运用水文与生态相结合的方法研究了南水北调西线一期工程雅砻江干流河道内生态需水量，以期为河道内生态需水的进一步研究提供新的思路，为可调水量论证提供科学依据。

第 2 章　生态环境需水量及其量化指标体系

2.1　生态环境需水量

2.1.1　生态需水与环境需水概念

2.1.1.1　生态需水

许新宜和杨志峰(2003)认为,生态需水是生态系统达到某种生态水平或者维持某种生态系统平衡所需要的水量,或是发挥期望的生态功能所需要的水量,水量配置是合理的、可持续的。对于一个特定生态系统,其生态需水有一个阈值范围,具有上限值和下限值,超过上下限值都会导致生态系统的退化和破坏。刘昌明(2000)从水资源开发利用与生态、环境相互协调发展的角度出发,提出了计算生态需水量应遵循四大平衡原则,即水热(能)平衡、水盐平衡、水沙平衡以及区域水量平衡与供需平衡。夏军等(2002)总结认为,生态需水量是指在水资源短缺地区,为了维系生态系统生物群落基本生存和一定生态环境质量(或生态建设要求)的最小水资源需求量。它包括天然生态保护与人工生态建设所消耗的水量。其内涵是:以可持续发展为前提的天然生态保护与人工生态建设的需水,其外延包括地带性植被所用降水和非地带性植被所用的径流。因此,生态需水量可以理解为维系一定生态系统功能且不能被占用的最小水资源需求量,包括天然生态需水量和人工生态需水量,其计算有河道内和河道外之分,基础是自然变化和人类活动影响下的流域水循环规律的认识与模拟。

2.1.1.2　环境需水

王西琴等(2001)认为,环境需水与生态需水在其内涵和概念上是有区别的。环境需水是指为保证和改善人类居住环境质量所需要的水量。根据上述环境需水量的定义,河道环境需水是指为保护和改善河流水体水质，维持河流水沙平衡、水盐平衡及维持河口地区生态环境平衡所需要的水量。河道最小环境需水量是指为维系和保护河流的最基本环境功能不受破坏，必须在河道中常年流动着的最小水量的阈值，其理论上主要由河流的基流量组成。河道最小环境需水量所要满足的环境功能主要包括：①保持水体具有一定的稀释能力；②保持水体具有一定的自净能力。需要指出的是，对于河流基本的污染净化功能的维持，要求全年各个时段都有相应的水量保证。有些研究者未把生态需水和环境需水进行区别，常统称为生态环境需水或生态需水、环境需水。实际上，尽管生态需水与环境需水两者之间存在着交叉和重合的部分，但从概念上来讲是两个不同的概念，应该区别对待。生态需水主要侧重于生物维持其自身发展及保护生物多样性方面，环境需水则主要体现在环境改善方面。

2.1.1.3 基本生态需水

Gleick(1998)给出了基本生态需水的概念框架，即提供一定质量和一定数量的水给天然生境，以求最小化地改变天然生态系统的过程，并保护物种多样性和生态整合性。相关的概念还有诸如最小河道内需水量(minimum instream flow requirements)、环境河道内需水量(environmental instream flow requirements)等。研究内容主要集中在以下几个方面：河道流量与鱼类栖息环境关系的研究；河流流量、水生生物与DO三者之间的关系研究；水生生物指示物种与流量之间的关系研究；水库调度考虑生态环境、生态环境用水量优化分配的研究；生态环境用水与经济用水关系研究等。

河道枯水流量(low-flow)与最小可接受流量(minimum acceptable flow)，世界气象组织(WMO，1974)将枯水流量定义为“在持续干旱的天气下河流中水流流量”；而最小可接受流量除了满足航运功能外，还要满足排水纳污功能。

2.1.1.4 河流系统生态环境需水量

1)河道生态环境需水量

倪深海等(2002)从生态环境的要求出发，认为河道生态环境需水量是指为改善河道生态环境质量或维护生态环境质量不至于进一步下降时河道生态系统所需要的最少水量和在这一水量下生态系统能够容纳的最差水质。也就是维持水生生物正常生长及保护特殊生物和珍稀物种生存,以及保护和改善河流水质,维持河流水沙平衡、水盐平衡和河口地区生态环境平衡所需的水量(宋进喜等,2003)。

2)河流生态环境需水量

倪晋仁等(2002)认为,河流生态环境需水量是在特定时间和空间为满足特定服务目标的变量,它是能够在特定水平下满足河流系统诸项功能所需水量的总称。一方面,河流生态环境需水量可以随时间和空间变化,表现出动态变化的特征;另一方面,河流生态环境需水量具有协调各项河流基本功能的内涵,表现出在特定时空单元内最大限度地满足河流主要功能的优先选择性。河流生态环境需水量的动态配置必须有利于单位水资源的生态环境服务最大化。

3)河流最小生态(环境)需水量

李刚等(2004)认为,河流最小生态需水量是在特定时间和空间为满足特定的河流系统功能所需的最小临界水量的总称。河流最小生态环境需水量也不是一个固定不变的值,而是一个与河流特性、河段位置和时段范围相关的量,而且具有景观和生态功能。理论上由河流的基流量组成,其主要功能是维持河流基本生态以及输沙、输盐、河流湿地生态、河口生态等。

2.1.2 河流系统生态环境需水的内涵

河流系统生态环境需水应该包括对水质和水量两个方面的要求,或者说是一定水质要求下的合理水量。由于其是适应可持续发展的一个新概念,目前尚未有统一的定义。刘昌明等(2002)认为,河流系统生态环境需水量是为了维护生态环境的天然结构与功能,主要包括:①河流系统中天然和人工植被耗水量,包括水源涵养林、水土保持措施及天然植被和绿洲防护林带的耗水量;②维持水(湿)生生物栖息地所需要的水量;③维持河口地区生态平衡所需水量;④维持河流系统水沙平衡的输沙入海水量;⑤维持河流系统水盐平衡的入海水量;⑥保持河道系统一定的稀释净化能力的水量;⑦保持水体调节气候、美化景观等功能所损耗的蒸发量；⑧维持合理地下水位所必需的入渗补给水量等。河流生态需水量不是上述各分项的简单相加，应根据它们之间的相互关系来分析确定。如对于大多数河流而言，在基本生态环境需水量和输沙水量得到保证的前提下，河流系统同样也能完成排盐的功能（王西琴等，2002；倪晋仁等，2002；Gleick pH ，1998），同时也能供给一部分水（湿）生生物栖息地所需要的水量；又如河流系统的水面蒸发还可以供植物的生长需要。

河道生态环境需水，是指维持水生生物正常生长及保护特殊生物和珍稀物种生存，以及保护和改善河流水质，维持河流水沙平衡、水盐平衡和河口地区生态环境平衡所需的水量。目前，国内外研究河流生态环境需水原理的方法分为6类，即水文学法、生境模拟法、水文-生物分析法、水力学法、综合法和其他方法，其中水文学法应用最为广泛（倪晋仁等，2002；刘霞等，2001）。目前，还没有一个国家提出具有权威性的、能够普遍应用的方法。

河流生态需水量是指包括维持河流生态、改善和生态建设所需的水量。河流生态功能需水量是指维持河道及依靠河道补给水的湿地水生生物生长与生存，维持河口地区生态平衡，维持河流水沙平衡所需的水量和水量过程。

河流生态功能需水量在自然情况下是一个范围，就其程度来讲存在着最大、最小生态功能需水量和适宜生态功能需水量。最大生态功能需水量是系统和能承受的最大水量，超过这一水量，系统便会产生突变，在水库修建运用后，水资源开发利用程度加大，下泄水量减少，河流下游已经达不到自然状态下的最大水量，本书不再研究。

河流最小生态功能需水量是指维持河流最基本生态功能不受破坏和维持河流水沙平衡可良性恢复所必须在河道内保留的最小水量。低于这一水量，系统功能便会逐渐萎缩、退化甚至消失。

河流最小生态功能需水量所要满足的功能主要包括：①维持水生生物栖息地；②维持河流和河口地区、下游湿地生态系统平衡；③保持河流输沙能力；④稀释污染物保持河流水质达到一定的标准（徐志侠等，2004；姜德娟等，2004；丰华丽等，2003）。

河流最小生态功能需水量的满足需河道基流和水库的调节,其表现形式是水量及水量的动态过程。河流生态功能适宜需水量是指维持生态功能处在最佳状态的水量与水量动态过程。

2.1.2.1 河道内生态需水量

根据上述生态需水量的定义,河道内生态需水是指为保护和改善河流水体水质,为维持河流水沙平衡,维持水生生物生境、水盐平衡及维持河口地区生态环境平衡所需要的水量。按照地理学的定义,河流由河槽和河槽中足够流动的水构成(郑冬燕等,2002),足够流动的水是使河流具有生态与环境功能的基础,也是河流功利性功能的基础,同时也是满足人类精神文化生活需要的重要物质条件。因此,保证河流环境功能的关键是必须有一个能满足河道环境功能的流量,该流量将保证河流有足够流动的水,同时使河流的基本环境功能不致丧失。

2.1.2.2 河道外生态需水

河道外生态需水量主要包括:天然和人工生态保护植被、绿洲防护林带的耗水量,主要是地带性植被所消耗降水和非地带性植被通过水利供水工程直接或间接所消耗的径流量;水土保持治理区域进行生物措施治理需水量;维系特殊生态环境系统安全的紧急调水量(生态恢复需水量)(苗鸿等,2003;严登华等,2001);调水区人民生存(生活和生产所需水量)和陆生动物生存所需水量;维持气候和土壤环境所需水量。

2.1.2.3 维持景观、水上娱乐等的环境需水量

维持景观、水上娱乐等的环境需水量是为保持自然景观功能、绿地、水上娱乐面积和水环境良好条件等所需要保持的水量。随着人类文明的进步、生活质量的提高,这部分需水的地位越来越重要,主要包括:保持水体调节气候、美化景观等功能的自然蒸发量和维持景观功能的新鲜水补充量等(贾宝全等,2002)。

从维系生态系统平衡角度来看,不同的流域或区域生态需水量的组成依据地理位置、水资源量和质、时空分布等有所差别,而且并不是上述各项需水量的简单相加,需要根据相互制约关系和需维持的基本生态功能目标及耦合效应来确定。

2.1.3 生态环境需水量的分类

2.1.3.1 按照生态系统类型

不同的生态系统类型,由于结构和功能的差异,对水量和水质的要求不尽相同。根据人为影响程度的大小,可以将生态系统分为自然系统和人工系统。尽管原始状态下的自然系统已很少,但准自然系统也可按自然系统来分析。河道、湖泊、沼泽湿地、河口三角洲湿地、滨海湿地、地下水补给湿地、泛洪平原湿地、林地与草原均归为自然系统,城市河湖、水库、池塘和虾池则被归为是人工系统,这样分类的目的是基于人们对水量的要求和水在不同领域功能与价值的差异来考虑的。

1)自然生态系统需水

尽管人类的活动几乎影响了所有生态系统,但在许多方面,大河及与其相连的湿地、湖泊、河口三角洲以及大面积草地等仍然表现出许多自然性特征,自然力仍然起着关键作用。这些生态系统维持着丰富的生物多样性物种,具有重要的生态、社会价值和经济价值。其本身在一定时间、一定空间保证适宜的水量和水位,并得到相应的管理,对于恢复、调整受损生态系统,实现流域或区域生态可持续性具有重要的现实意义。

2)人工生态系统需水

人工生态系统体现了人为控制的特点,其包括城市河湖、水库、池塘。人为的作用决定了其规模、大小,其需水量的大小也由此而决定。人工生态系统常常体现了配水特点,即根据供水能力的大小来决定需水量,特别是城市化以后发展起来的湖泊和河流,需要根据供水能力实现其需水配置。而上中游的水库则更多地体现了自然性和人为性的双重特点,常常根据径流的大小,并依据其功能和坝的规模决定其需水量。

2.1.3.2 按照空间尺度

按空间尺度可将生态环境需水量分为景观尺度、区域生态、流域生态环境需水。

1)景观尺度生态环境需水

景观由相互作用的嵌块体以及廊道组成,以类似的形式重复出现在基质中，具有高度的空间异质性。景观生态环境需水强调了嵌块体和廊道的需水，非常注重空间结构的研究。常常提到的景观娱乐需水是该领域研究的实际体现，如在河道、湖泊中划船、游泳等的需水，林地中休闲、娱乐等的需水。景观生态环境需水经常作为生态系统生态需水研究的一部分，单独列出。

2）区域生态环境需水

区域生态环境需水主要针对水资源敏感地区，特别是干旱、半干旱及半湿润地区，这些地区水资源自然条件薄弱，存在着长时间、大范围、深程度的资源型缺水、工程型缺水和水质型缺水，加剧了城市与农村、工业与农业、经济与生态之间的用水竞争，特别是靠挤占生态用水来维持社会经济的高速发展，已导致了生态环境的恶化。由于区域中水系常常并不完整，特别是区域中的河段需水研究，需要结合其上下游的具体需求而协作研究。尽管理论是这样，但在实践中，常选择片段进行研究，在某种程度上减少了可信度。

3）流域生态环境需水

流域是完整的生态单元，对于系统研究生态环境需水量非常理想，便于发展整体分析方法。从全流域的角度可以研究不同环境梯度下生态环境需水量的差异，揭示梯度与生态环境需水的函数关系，特别是上、中、下游生态环境需水的时空变化规律。在整体分析各流域生态环境需水的基础上，还可以比较各流域间生态环境需水在量和质上的差异与共性。

2.1.4 河流系统生态需水的变化特征

2.1.4.1 区段差异

河流系统生态需水受到河流系统生态功能的制约。对生态环境的功能要求越高，河流的生态需水量也就越大。因而，根据生态功能区划，即使是属于同一河流系统，在不同的区段其生态功能也不同，因而河流系统在不同的区段上，其生态需水也就不同。

2.1.4.2 时间差异

河流系统的生态过程有典型的时间差异，因而其生态需水有典型的时间差异。仅以东辽河流域河流系统的水面蒸发来说,受到年内太阳辐射的变化、空气湿度、气温、风速等季节变化的影响,其水面蒸发也有明显的变化。本区冬季辐射强度小,气温低,水面结冰,蒸发量小,全年最小月蒸发量一般出现在1月份。5月份实际日辐射量增加,气温升高,但雨季尚未来临,空气湿度低,风大,因而5月份水面蒸发量一般为全年最大,占年蒸发量的19%左右,6月次之,5~6月两个月的蒸发量占年蒸发量的27%~33%,为最大月蒸发量为最小月蒸发量的5~8倍。蒸发的峰值正好出现在作物生长的少雨季节,因而形成了辽河片多春旱的特点。河流系统的生物在不同的生长期内对水分的要求也有明显的不同(黄奕砻等,2003;郑冬燕等,2003)。

总之,综观河流系统生态需水的一般特征,生态需水就是指为维护地表水水体特定的生态功能所需要的一定水质标准下的水量,具有时间和空间的变化。根据河流系统的空间结构,可将其分为水面系统和洪泛区系统,这两大子系统之间有着很密切的联系;但从下垫面的角度考虑,这两大系统的生态需水量可以进行简单相加,避免重复计算。东辽河流域河流系统生态需水,在上述两大系统的分类前提下,又可分为维持河流物理构造所需水、水面蒸发需水及洪泛地生态需水几类。维持其物理构造的需水量主要就是影响到造床作用和河流泥沙排泄所需要的水量。

2.1.5 国外河流生态需水计算方法研究

国外河流生态需水计算方法可分为河道内及河口生态需水两类,研究主要集中在河道内生态需水。

2.1.5.1 河道内生态需水计算方法

国外河道内生态需水计算方法大致可以分为5类,即历史流量法、水力定额法、栖息地定额法、整体分析法和生境模型法。

1)*历史流量法*

历史流量法包括蒙大拿法、流量历时曲线法、ABF法等。

(1)蒙大拿法。该方法可能是最常用的历史流量法,其解决的是水生生物、河流景观及娱乐与河流流量之间适应关系的问题。它将年平均流量的百分比作为基流,更适宜于以季节性为基础的需求。它具有宏观的定性指导意义。在美国维吉尼亚地区的河流中证实:10% 的年平均流量是退化的或贫瘠的栖息地条件;20% 的年平均流量提供了保护水生生物栖息地的适当标准;在小河流中,定义 30% 的年平均流量接近最佳生物栖息地标准(张丽等,2003;杨晓华等,2004;门宝辉,2005)。

(2)流量历时曲线法。该方法利用历史流量资料构建各月流量历时曲线,以某个保证率相应的流量作为河道内流量的需求。这种方法是建立在至少 20 年的日流量记录数据的基础之上的,并且对每个月要做一个推荐流量(李秀梅等,2005;Tharme R E,2003;Thoms M C,2002)。流量历时曲线法保留了仅采用水文资料的简单性,但它却更好地反映了径流年际、年内分布的不均匀性,因此它比这个分类中的其他方法更精确,但还不能代表流域的全部情况(Denis A et al,2003)。

(3)ABF 法(平均基流或水上基流法)。该方法是用于美国和英国的一种方法,主要针对水利工程。根据年径流资料计算生态环境需水,由美国鱼类和野生动物协会确定的 0.5cfsm 作为中间 8 月的径流,以此来计算生态环境需水量。改进的方法有径流曲线法,用 0.6cfsm 和 0.3cfsm 分别代表迎风山区和非迎风山区的中间月份径流。

2)水力定额法

水力定额法包括湿周法、RO_2法等。

(1)湿周法。湿周法的假设是:保护好临界区域的水生物栖息地的湿周,同时对非临界区域的栖息地提供足够的保护。通过在临界的栖息地区域(通常大部分是浅滩)现场搜集河道的几何尺寸和流量数据,并以临界的栖息地类型作为河流其余部分的栖息地指标。该方法适用于宽浅型河流,河道的形状影响该方法的分析结果(Zhao Chuanyuan et al,2004;吉丽娜,2006)。因为浅滩是水生无脊椎动物的主要生活区域,它们是鱼类的食物,足够的浅滩生境对于提供鱼类食物是非常重要的。此方法的重点是确定湿周曲线的变形点,湿周曲线有两个或多个变形点。Leathe 和 Nelson 指出上部变形点对应的径流为最适生境,较低的变形点为最低可接受的径流。

(2)RO_2法。RO_2法具有和湿周法相同的假设。对于一般的浅滩式河流栖息地,如果将河流平均深度、平均流速和湿周长度作为反映生物栖息地质量的水力学指标,且在浅滩栖息地能够使这些指标保持在相当满意的水平上,那么也足以维护生物体和水生生境健康。该法确定最小生态需水量具有两个标准:一是湿周率;二是保持一定比例的河流宽度、平均水深以及平均流速等。RO_2法以曼宁公式为基础。

与历史流量法相比,水力定额法包含了更多更为具体的河流(Petts G E,1996;Glieck G E,1998)。然而这类方法忽视了水流流速的变化,未能考虑河流中具体的物种或生命阶段的需求;同时,该类方法假定河道在时间尺度上是稳定的,并且所选择的横截面能够确切地表征整个河道的特征,而实际情况并非如此。

3)栖息地定额法

栖息地定额法包括有效宽度(UW)法、加权有效宽度(WUW)法、河道内流量增加法(IFIM)等。

(1)有效宽度法。该方法是建立河道流量和某个物种有效水面宽度的关系,以有效宽度占总宽度的某个百分数相应的流量作为最小可接受流量的方法。有效宽度是指满足某个物种需要的水深、流速等参数的水面宽度。不满足要求的部分就算无效宽度(Glieck G E,2000)。

(2)加权有效宽度法。该方法与有效宽度法的不同之处在于加权有效宽度法是将一个断面分为几个部分,每一部分乘以该部分的平均流速、平均深度和相应的权重参数,从而得出加权后的有效水面宽度。权重参数的取值范围从0到1(Falkenmark M,1995)。

(3)河道内流量增加法。该方法是人们应用最广的方法,它考虑的主要指标有流速、最小水深、底质情况、水温、溶解氧、总碱度、浊度、透光度等。河道内流量增加法通常用来评价水资源开发建设对下游水生生物栖息地的影响(Falkenmark M,1999)。

河道内流量增加法很复杂,要求投入相当多的时间、资金和专门技术。在一般情况下,该法要求输入的定量生态信息是缺乏的,所以有人主张在大多数情况下限制其使用(Falkenmark M,1999;Baird A J et al,1999)。栖息地定额方法与历史流量法或水力定额法相比具有更大的灵活性，它有可能考虑全年中许多物种及其不同生命阶段所利用栖息地的变化，从而选择能提供这种栖息地的流量。不过，这意味着需要对水生态系统有足够的了解和清晰的管理目标，以便解决不同物种或不同生命阶段在栖息地需求上的矛盾。栖息地定额方法特别适合于"比较权衡"，可以将栖息地的变化与资源的社会经济效益相比较。栖息地流量关系可以用来评估不同的流量管理目标，并成为选择适当流量的信息基础。

4）整体分析法

整体分析法建立在尽量维持河流水生态系统原始功能的原则之上，相应地，整个生态系统的水需求量，包括发源地、河道、河岸地带、洪积平原、地下水、沼泽和河口都需要评价。在这种方法中，河流的天然状态是作为河流生态系统最基本的指导。相应地，为了维持生态系统功能的整体性，天然状态的根本特征（比如径流季节性的变化，枯季流量和无流量时期，不同级别的洪水、持续时间、重现期和冲刷流量）都被包含在改变后的水情中（Martin pusch et al ，2000；Dekova S N et al，2000）。

该类方法包括南非的建筑堆块（BBM）法和澳大利亚的整体分析法。在整体分析法中，河流的天然特征用逐月流量来描述。确定河道内流量的过程通常由从水生态工程到水利工程的多学科的专家组完成。河道内流量的重要成分包括枯季流量、泛滥流量和中小洪水，不能被管理的大洪水一般被忽略（Willian Whipple，1999；Jowett I G，1997）。

枯季流量是一个最小月径流量，它被用统计方法确定为"水文学定义的基流"，用流量历时曲线上的某个保证率的流量确定。对于季节性河流这意味着枯季的断流。

关于汛期径流：首先是要确定汛期第一场洪水，它向河流供应溶解的、颗粒状的有机物和营养物质，并冲走残骸、藻类和细淤泥，可能提供与生命周期和迁移同步的生物条件。该径流对河口的冲刷可能是明显的。其次是要确定中等洪水，它可能是每年发生一到两次的洪水，人们认为是它维持了生物栖息地的多样性（它引起局部扰动，冲走外来的植被，并且淹没河滨植被、洪泛平原和湿地来维持生物栖息地的多样性）。第三是要确定汛期径流的差异性。河流生态系统的年需水量是枯季流量、汛期径流量和洪水的总和，此外还需考虑附加流量（如冲刷流量等）。这样，整个系统的需水量依据下列因素来确定：月或者更短时段的流量分配，最大和最小月流量，希望的流量变化水平及发生时间，洪水的范围和持续时间，冲刷流量。

5）生境模型法

（1）IFIM/PHABSIM 法（自然生境模型法）。建立渠道径流系统模型，是美国发展起来的方法，在英国成功应用。其主要包括水文、水环境质量和生态以及维持水生生物生命的一些指标，要求数据比较丰富（Shulders W et al，1993）。

（2）EVHA 法（生境评估法）。主要用于山地河流，保护鱼类等生态环境。建立自然生境模型的主要参数是：BIG 为底部最大生境比例；DOM_1 为底部主要生境片段比例；DOM_2 为次要生境片段比例；生境适宜指数为 $0.2SI(BIG)+0.4SI(DOM_1)+0.4SI(DOM_2)$，水文模型为 $S=V^2/33GR[\lg(3.17R/D_{84})-0.314\lg(R/H_m)]$。其中，$S$ 为能量倾斜；V 为平均速率；R 为水力半径；D_{84} 为 84% 的底部生境片段大小；H_m 为经过部分的最大水深（Duel H，1994）。

（3）CASIMIR 模型。参数主要包括水文指标、主要生境类型、河流底部参数、水生生物和河岸带参数等。

6）河道内生态需水计算方法存在的问题

水流影响水生生态系统 6 项参数的大部分：食物、栖息地、温度、水质、水流状况和生物间的相互作用，所以联系水文和生态是一门复杂的科学。由此可知，流量影响生物区和生物间的相互作用的途径很多，现有的研究水平还达不到把一种流量或水流状态同物种组成及丰富程度联系起来。作为替代，在评价中用流量、湿周或栖息地作为生物反应的替代指标，现在的所有方法都没有将这 6 项参数全部考虑进去。由于缺乏对食物、生物间的相互作用等因素的机理研究，建立考虑上述 6 项参数的确定性模型在现阶段是难以实现的。从这个意义上讲，现在的计算方法还是粗略的（Shen G F，2000；Zhang K J，1991；Shen M C，2001）。

2.1.5.2 河口生态需水计算方法

国内外对河流入海口的生态需水研究较少。计算河口的生态需水相当复杂，有人建议用含盐量指标变化作为计算依据，有人建议用温度指标变化作为计算依据，还有人建议用饵料质量指标变化作为计算依据，但至今尚未见到比较公认的方法或标准。南非制定了河口生态需水的标准，确定了计算河口生态需水的步骤，但是尚不清楚其计算生态需水的具体方法（Tang Q C，1995；崔丽娟等，2006）。

河口生态需水项目包括生物多样性、水质、泥沙冲淤平衡及旅游娱乐。水质包括含盐量、溶解氧、pH 值、悬移质、硝酸盐、有毒物质、微生物指标。具体的河口需水量主要包括控制含盐量需水量、航运需水量、生物多样性需水量、冲刷淤积需水量及河口湿地需水量等（Hughes D A，2001；Hield R et al，2002）。在南非，1986 年第一次评估了河口淡水需求。评估分淹没需求和蒸发需求两部分：第一部分考虑打开临时关闭的河口拦门沙、淹没湿地和冲刷淤积所必需的水量；第二部分计算蒸发量，以此来防止河口超量盐度的出现（Tharme R E，2003）。

2.1.6 国内河流生态需水计算方法研究

2.1.6.1 河道内生态需水计算方法

我国研究河道生态环境需水的方法主要有：①为保证流域生态水利"四大平衡"（水热平衡、水盐平衡、水沙平衡、水量平衡）的计算法；②为达到水环境保护目标、满足河流纳污功能的环境功能设定法，以及污染物－流量关系曲线法等；③为满足河流基本生态功能、保证不断流的河流基本生态环境需水量计算法、最枯月平均流量法、假设法等；④为满足河流水量蒸发和渗漏要求的水量补充法等（Wollmuth J C，2000；石伟等，2002；姜杰等，2004）。上述多是借鉴国外的方法，其合理性和机理研究还需进一步探讨。

1）河流生态需水量计算方法

河流生态需水量的计算主要包括：枯水年天然径流估算法（以最枯年天然径流进行估算）和将河流年最小月均流量的多年平均值作为河流的基本生态环境需水量，这两种河流生态需水量计算方法属于历史流量法的范围，具有与历史流量法相同的优点和不足（张远等，2005）。

2）防治河流水质污染的计算方法

（1）10 年最枯月平均流量法。7Q10 法采用 90% 保证率最枯连续 7 天的平均水量作为河流最小流量设计值。该法在 20 世纪 70 年代传入我国，主要用于计算污染物允许排放量，在许多大型水利工程建设的环境影响评价中得到应用。由于该标准要求比较高，鉴于我国的经济发展水平比较低、南北方水资源情况差别较大，我国在《制定地方水污染物排放标准的技术原则与方法》（GB 3839—83）中规定：一般河流采用近 10 年最枯月平均流量或 90% 保证率最枯月平均流量（李丽娟等，2000；王礼先等，2001）。

（2）以水质目标为约束的生态环境需水量计算。为达到水质目标所需要的水量，依据环境水利学有关水质污染稀释自净需水量计算方法进行计算（李丽娟等，2000；贾宝全等，2002；阳书敏等，2005）。

3）水力半径法

刘昌明（2006）根据南水北调西线一期工程调水区属于缺资料地区的实际情况，提出了一种同时考虑河道本身信息（水力半径、糙率、底坡比降）和水生生物信息（流速信息）的估算生态需水量的方法——水力半径法，找出了该方法计算的关键参数是确定生态水力半径所对应的河道断面面积，并根据不同规则断面和天然河道断面与水力半径之间的关系计算生态需水量。

2.1.6.2 河口生态需水计算方法

生态环境需水量的研究主要集中于河道、湖泊及湿地等陆地生态系统，尚缺乏针对河口生态环境需水量的专门研究。河口生态环境的相关研究多集中于分析河道径流变化对河口生态系统物质循环、生物种群分布等的影响。研究方法主要有两种：一种是通过分析现场试验调查资料确定河道径流改变与生态系统变化的相关关系，我国“三峡工程与长江口生态环境研究”项目通过分析生物的种类、分布与径流变化的对应关系，研究了三峡工程建设对入海径流量的改变及其对河口地区生态环境各项指标的影响。近期随着对南水北调工程的建设论证，径流改变对长江口生态环境影响的研究得到了进一步的发展。另一种是通过建立数学模型模拟生态系统物质和能量间的转化过程，确定径流输入与生态系统状况改变之间的定量关系。这种方法同样需要大量的现场实测资料对模型进行校核验证，因相关生态学资料的短缺和数学模型建立的复杂性，数学模型模拟方法在我国河口生态系统研究中的应用相对较少（孙涛等，2003）。

2.1.6.3 河道外生态需水计算方法

河道外生态需水针对天然植被和人工植被的生态需水研究较多，国外在20世纪20年代开始对农作物需水进行研究，并以此为基础建立了不同条件下农作物、森林、草地生态需水的计算和预报模型，可完成模拟土壤水分变化、植被（作物）生长需水过程的水平衡问题和需水预测，具有较成熟的理论和方法（王根绪等，2005；严军等，2006）。我国学者的研究主要集中在对干旱区生态用水的分类和计算方法上（王让会等，2001），而对生态环境需水的概念和理论方法研究较少。研究的目标是进行干旱区水资源的宏观调控，计算的方法和理论多为水量平衡理论、面积定额法等，多以植物耗水量（植被蒸腾量）代替生态需水量。王让会等（2003）依据水量平衡原理估算了塔里木河流域“四源一干”的绿洲等植被生态环境需水量；梁瑞驹（2002）在分析植被生态需水的基础上，将植被生态需水划分为植被可控性生态需水和不可控生态需水，提出采用结合水资源计算理论和植被生态理论结合定量估算生态需水的方法，并对西北生态需水进行了定量估算；梁季阳等（2001）根据维持植被稳定和地下水均衡的原则，建立了植被生态需水和维护湖泊水面稳定需水量的组成及计算方法。

2.1.6.4 维持景观、水上娱乐等环境需水的计算方法

目前，对保持景观河流流量和水上娱乐功能所需的水面面积及流量等需水，还没有统一的计算方法和标准。在美国等一些国家，主要通过立法将部分河流划定为自然风景类河流，供人们休闲娱乐和观光旅游使用，以此来确定其需要保持的水量（严登华等，2001；罗玮等，2006）。在我国，部分城市进行规划时，常采用人均水面面积指标衡量与确定维持景观、娱乐水面面积和流量，绿地、美化环境等需水。

依据上述生态环境需水计算评价方法的分析，目前生态环境需水不仅存在概念上的争议，在定量计算上还以单项组成计算研究较多，主要针对一定区域或流域生态环境需水的经验概算或估算，定性研究多，不能兼顾上下游及横向、垂向的关系，难以表述生态环境需水的时空分布和动态性，且各单项生态需水量之间计算存在重复、交叉的问题，对水资源进行合理配置缺乏足够的支撑。从维持水生态平衡和水资源合理配置角度，笔者认为未来生态需水的研究发展趋势是综合多学科研究，即综合水文及水资源学、水力学、水环境学、生态学和计算机科学等多学科。微观上，从生态系统的水生生物、陆生植物等水分需求机理研究入手，进行主要(类型的)生态的耗水规律和阈值研究；宏观上，关注尺度效应和耦合效应研究，即在空间尺度和时间尺度上对陆地—河流—入海的完整生态水循环系统采用水量水质和生态耦合模型系统进行生态环境需水规律研究。在水利工程和排污等人类活动因素的影响下，完成对不同时空分布、不同生态和环境保护目标下的各单项生态环境需水耦合效应的模拟分析和预测，其结果是有效恢复、保护生态系统，科学进行生态系统水资源调控模式研究的依据。

生态环境需水量计算方法的研究虽取得了一定的进展，为水资源合理利用提供了基础性的依据，但是生态需水量研究还缺乏统一的概念和理论，对计算方法的研究也不够深入和完善，基本停留在定性分析与宏观定量阶段。另外，由于水和生态的关系非常复杂，生态需水研究尚处在初级阶段，其理论研究处在探索之中，计算方法还不能全面、真实地反映实际情况，计算结果可能存在较大风险。并且，生态需水与气候、水文、地理、地质、社会经济等密切相关，因此这些源自国外的生态环境需水量计算方法不一定适合中国的情况。在使用这些方法时，一是要弄清它的适用条件；二是要研究出适合我国的计算方法；三是要拓展生态需水量的应用性研究。

2.2 生态环境需水量的量化指标

生态系统健康研究是在全球经济高速发展和人口快速增长造成许

多自然生态系统（如海洋、湖泊、森林等）的健康状况日益恶化的严峻形势下，于20世纪80年代中期在北美兴起的。近年来，在可持续发展思想的推动下，生态系统健康研究已成为国际生态环境领域新的研究热点，并逐渐发展成为联系地球科学、环境科学、生态学、经济学及社会科学等学科的桥梁。

2.2.1 河流生态系统概念

河流生态系统指河流水体的生态系统，属流水生态系统的一种，是陆地和海洋联系的纽带，在生物圈的物质循环中起主要作用。河流生态系统是包括陆地河岸生态系统、水生态系统、相关湿地及沼泽生态系统在内的一系列子系统，是一个复合生态系统，具有栖息地功能、过滤作用、屏蔽作用、通道作用、源汇功能等多种功能。河流生态系统中水的持续流动性，使其中溶解氧比较充足，层次分化不明显。具有以下特点（刘建军，2002）：①具纵向成带现象，但物种的纵向替换并不是均匀的连续变化，特殊种群可以在整个河流中再现。②生物大多具有适应急流生境的特殊形态结构。表现在浮游生物较少，底栖生物多具有体形扁平、流线性等形态或吸盘结构，适应性广的鱼类和微生物丰富。③与其他生态系统相互制约、关系复杂。一方面表现为气候、植被以及人为干扰强度等对河流生态系统都有较大影响；另一方面表现为河流生态系统明显影响沿海（尤其河口、海湾）生态系统的形成和演化。④自净能力强，受干扰后恢复速度较快。

2.2.2 河流生态系统健康研究进展

生态系统健康（ecosystem health）是研究人为活动、社会组织、自然系统及人类健康之间相互关系的领域。所谓“健康”即指系统在各种不良环境影响中结构和功能保持相对稳定状态，并可持续发展不断完善的特性。健康的生态系统应该具有不存在失调症状、具有很好的恢复能力和自我维持能力、对邻近的其他生态系统没有危害、对社会经济的发展和人类的健康有支持推动作用等特征（张志诚，2004）。目前，北美和欧洲一些国家在河流、湖泊生态系统健康评价、森林生态系统健康长期监测、农业生态系统健康评价等方面进行了大量的研究工作,其特点和趋势可归纳为概念多样化、指标多样化及研究对象单一。国内在该领域的研究工作才刚刚起步,相关的文献报道较少(袁兴中等,2001)。

2.2.3 河流生态系统健康的理论框架体系

2.2.3.1 河流生态系统健康标准的理论基础

学术界在生态系统健康的定义方面尚未取得共识。Haskell(1992)、Ulanowicz(1992)、Mageau(1995)以及 Constanza(1992)和 Rapport(1998)等都提出了一些健康标准。其中,Constanza 提出的生态系统健康概念得到了广泛认可,其涵盖了六个方面,即自我平衡、没有病征、多样性、有恢复力、有活力和能够保持系统组分间的平衡(Constanza R,1992;杨华珂等,2002)。生态系统健康的标准主要包括活力、恢复力、组织、生态系统服务功能的维持,管理选择、外部输入减少、对邻近系统的影响及人类健康影响等八个方面,分属于生物物理范畴、社会经济范畴、人类健康范畴以及一定的时间、空间范畴,其中最重要的是前三个方面。活力(vigor)即生态系统的能量输入和营养循环容量,具体指标为生态系统的初级生产力和物质循环。在一定范围内生态系统的能量输入越多,物质循环越快,活力就越高,但对于水生生态系统,高输入会导致富养化效应。恢复力(resilience)即胁迫消失时系统克服压力及反弹回复的容量,具体指标为自然干扰的恢复速率和生态系统对自然干扰的抵抗力。一般认为受胁迫生态系统比不受胁迫生态系统的恢复力更小。组织(organization)即系统的复杂性会随生态系统的次生演替而发生的变化和作用,具体指标为生态系统中 r－对策种与 k－对策种的比率,短命种与长命种的比率,外来种与乡土种的比率、共生程度,乡土种的消亡等。一般认为,生态系统的组织越复杂就越健康。

生态系统服务功能的维持(maintenance of ecosystem services)是人类评价生态系统健康的一条重要标准(肖风劲等,2002)。健康的生态系统具有对人类有益的服务功能,如消解有毒化学物质、净化水、减少水土流失等的质和量均会增加,反之则会减少。管理选择(management options)指健康生态系统可用于收获可更新资源、旅游、保护水源等各种用途和管理,退化的或不健康的生态系统不再具备这样的功能或仅能发挥某一方面的功能。外部输入减少(reduced subsides)指所有被管理的生态系统依赖于外部输入,健康的生态系统对外部输入(如肥料、农药等)会大量减少。对邻近系统的破坏(damage to neighboring systems),是指健康的生态系统在运行过程中对邻近系统的破坏为零,而不健康的系统会对相连的系统产生巨大的破坏作用,如污染的河流对灌溉农田的破坏。对人类健康的影响(human health effects)是指生态系统的变化可通过多种途径影响人类健康,人类健康的本身可作为生态系统健康的反映。与人类相关又对人类影响很小或几乎没有影响的生态系统为健康的系统。

2.2.3.2 干扰、生态系统稳定性与生态系统健康的关系

干扰(disturbance)指导致一个群落或生态系统特征超出其正常波动范围的因子。生态系统稳定性(ecosystem stability)是指生态系统保持正常动态的能力,包括恢复力(resilience,干扰后回到先前状态的速度)和抵抗力(resistance,系统避免被取代的能力)。Mac Arthur(1955)和 Elton 等(1958)提出群落复杂性导致稳定性,但 May(1972)通过数学模型模拟表明,随着复杂性的增加生态系统稳定性趋于降低。目前,关于生态系统稳定性与复杂性是否有关系及其关系如何尚有争论(任海等,2000;李瑾等,2001)。生态系统健康与干扰、生态系统稳定性具有密切的关系。一般来讲,稳定的生态系统是健康的,但健康的生态系统不一定是稳定的。干扰作用于稳定的生态系统或健康的生态系统,会导致生态系统不稳定或不健康。在一定强度范围下,干扰可能导致生态系统不健康,但并不影响其稳定。健康的生态系统是未受到干扰的生态系统,但稳定的生态系统可能受到干扰。生态系统稳定性的两个重要指标是包含在生态系统健康标准中的,而且干扰与这两个指标紧密相关。生态系统的复杂性与生态系统健康的关系目前还很难确定。

2.2.4 河流生态系统健康的评价指标体系

2.2.4.1 指标选择的依据

生态系统健康评价目前尚存在分歧,因要评价的生态系统类型各

异，产生了多种评价方法和指标，主要有：①生态指标，即在生态系统水平和群落层次上的设计指标；②人类健康和社会经济指标，即应用在一些与人类密切相关的生态系统中，如流域内的生态系统；③物化指标，即探究影响生态系统变化的非生物原因（马克明等，2001）。在国内外开展的水生生态系统健康评价中，孔红梅（2002）提出的方法较为全面，但是没有给出具体的指标；Xu（1996，1997，1999）在对巢湖、青海湖（胡会峰等，2003）研究时提出评价淡水生态系统健康的指标以能质、结构能质和生态缓冲能力为核心，涵盖了水生生态系统健康评价指标体系的主要方面，并对湖泊四季的不同时段健康状态进行了生态指标的逐一比较。

1998 年，加拿大学者 Rapport 以湿地作为案例进行景观健康评价研究，提出了湿地生态系统健康的几类指标，其分别是：生物指标包括生物多样性、固有种与外来种的比例、优势种分布尺度；物理指标包括水分循环、土壤有机质的保持度、水及能流的生物圈控制；社会经济指标包括农业、林业、渔业的投资和效益等。这些指标，将社会目标和生物物理过程进行了整合，是湿地生态系统健康研究的最新进展。目前，国内外水生生态系统健康研究就是选用生态指标来进行评价。总结国内外开展的有关生态系统健康评价和水生态系统的评价方法，提出河流生态系统健康评价的指标体系。

2.2.4.2 指标选取及说明

1）生态特征指标（刘永等，2004）

（1）河岸及河床边缘植被：主要研究植被受扰状态及覆盖度变化，定性与定量相结合。

（2）河道冲刷/淤积：反映河道的稳定状况及泥沙的淤积程度，定性与定量相结合。

（3）水质：河道及沼泽地水质，以《地面水环境质量标准》（GB3838—2002）中Ⅲ类水域水质标准评定。

（4）水量：以现有水量同历史资料相比较的变化率来表示。

（5）水源保证或补给：以水源保证或补给率来计量。

（6）水生生物多样性：用评价区域动物或植物种数占所在生物地

理区域动物或植物种数的百分比表示。

(7)动物个体尺度或规格:以鱼类在同一地区个体的平均尺度或大小来衡量,同历史资料相比较的变化率(同时期的平均相比较)。

(8)植物个体尺度:以优势植物的平均高度来衡量,同历史资料记录的数据相比较,求其变化率。

(9)生物量:以动物或植物的生物量来计算,求其历史时段内的变化程度。

(10)河流受胁状况:以河流生态系统内人类的各种扰动为基础,包括过度渔猎、割草、捡鸟蛋、垦殖等胁迫因子。

(11)相关湿地面积的减少或退化:以现有湿地面积减少或退化湿地面积的百分比来表示,退化可以湿地的盐碱化、沙化、植被退化面积来衡量,定性与定量相结合。

(12)水土流失面积比例。

(13)盐碱化面积比例。

(14)景观恢复力和景观多样性指数。

2)水资源状况指标

(1)流域人均地表水资源量。

(2)地表水耗水比例。

(3)地表水农业灌溉用水比例。

(4)地表水工业用水比例。

3)河流基本状况指标

(1)流域输沙模数。

(2)径流调节指数。

(3)输沙调节指数。

(4)洪涝灾害和旱灾成灾面积比例。

4)功能整合性指标(崔宝山等,2002;Reynold C S,2003)

(1)洪水调控:由于天然河流生态系统面积的缩小,其洪水调控能力下降,须以人工附加工程(如筑堤、修建水库、滞洪区建设等)来弥补,以防洪附加费的增加率来表示。

(2)水文调节:为农业灌溉、工业等提供用水,以供水变化率来表示。

(3)侵蚀控制:防止土壤被风、水侵蚀,以风蚀、水蚀变化率来表示。

(4)废物处理或净化:包括废物处理、污染控制、解除毒性等方面,以废物处理率或净化率的变化来表示。

(5)栖息地:野生动物栖息地和育雏地,以破坏或退化率来表示。

(6)食品生产:包括鱼、虾等,以年收获量变化率来表示。

(7)休闲娱乐:旅游、钓鱼及其他户外游乐活动等,以娱乐日的增加数或减少数来表示。

5)社会政治环境

(1)周边人口素质,以初中以上文化程度占周边人口的百分比来表示。

(2)人类活动强度,以人口密度来统计。

(3)人口健康状况,以发病率包括死亡率来统计。

(4)物质生活指数,以人均收入水平来统计。

(5)农药施用强度或农药利用率,以每年 $1hm^2$ 施用农药量统计或农药利用率来衡量。

(6)化肥施用强度或化肥利用率,以每年 $1hm^2$ 施用化肥量统计或化肥利用率来衡量。

(7)工业、生活污水,以污水、废水处理率来表示。

(8)河流生态系统保护意识,以具有保护意识的人员占总人口的比例来计算。

(9)相关政策法规的贯彻力度,以接受到相关政策法规的人员占总人口的比例来计算。

(10)河流生态系统管理水平,定性与定量相结合,以河流生态系统管理队伍的整体水平来衡量。

6)社会经济指标

(1)GDP 年均增长率。

(2)人均 GDP。

(3)万元 GDP 水耗。

(4)农牧业人口比例。

(5)贫困人口比例。

(6)农民人均收入。

2.2.5 河流生态需水量的量化指标体系

河流生态需水量预测应该考虑河流所处的气候带,河流水文水质状况及等级,以及河流的经济利用类型和利用程度,还要保证生物稳定性和河流的自净功能。如果在径流破坏期或水库蓄水期,河道下游的流量小于河流在自然条件下的最小河道生物需水量,那么下游河道中的水生生物的生存栖息地将锐减,甚至一些物种会面临死亡的威胁,河流的生态状况就不符合健康标准。在进行河道生物需水预测研究的过程中,要特别考虑生态学、水文水力学、地形学、水质以及河流廊道的连通性等要素。这些要素在复杂的时空条件下相互作用,构成并维系河流生态系统的结构与功能。为解决这一复杂问题就必须运用多学科交叉的方法,充分考虑各个要素之间的关系。

2.2.5.1 生态学要素

生态学要素包括建立在水生生物群落演替、生物生命活动、栖息地自然形成之上的生态系统中栖息地及水文水质现状。河流生物群落包括淡水流域和河口的鱼类、脊椎动物(如海龟)、大型无脊椎动物(如蜻蜓)、软体动物(如蚌类、蜗牛)、甲壳类(如小龙虾、河虾等),水生植物和藻类,以及滨水的动植物。这些物种中有些在其全部或部分生命活动过程中必须有流水型栖息地,还有一些种类要求栖息地具有特殊基质、一定流速或适宜水深,这些物种都可以作为评价河流生物群落健康的标志性物种。生物栖息地状况一般用流速、水深、基质构成、水面覆盖层等指标来描述,其中覆盖层的类型分为大型木质结构覆盖、大块石、大型植物覆盖层等。栖息地的异质性是影响生物多样性的主要因素,异质性高的栖息地会提供更多的小生境(时晓燕等,2006)。

生态系统中水文要素与生态要素的关系尤为重要。水文条件中流态等河滨要素对生态系统起显著作用,它决定了水生生物群落的结构、分布以及多样性。流态还影响着河流的自然渠道形式、水流的水质状况，间接影响生态过程。

研究河道生物需水量时要充分考虑到水生生物的生命过程及生态特征。以鱼类为例，在产卵期、孵化期、鱼苗生长期等各个生理期，食物保障、栖息地利用的光暗比、水温等因素对鱼类的生长过程极其重要。而鱼类的捕食者对栖息地的利用程度也应该在需水量研究的范畴之内。水质对鱼群的影响很大，水温升高或溶解氧降低都有可能导致鱼类死亡甚至形成无生物区。不同鱼类对低溶解氧的耐受程度是不一样的。为确保繁殖活动的顺利进行，生物对栖息地的要求较高，如在产卵、孵化、生长、发育等不同生理阶段所需环境条件不同，即流速、水深、栖息地基质构成、覆盖层、面积等的要求不一样。时间尺度对生态的影响也是显而易见的，一般要考虑产卵季节、洪峰周期、光周期等因素。对于水流的年际差异，一年生鱼类在不同的季节要求水流有不同的流量，而多年生鱼类对流量的需求大致相同。尤其是那些以季节性洪峰变化为信号进行洄游、产卵等生命活动的鱼类对水流的年内差异较为敏感，因此在寻求水流年内差异的时候，要考虑在不同的时期各个物种对流量需求的不一致性。而且，物种对栖息地的要求即使在同一个季节或同一天也不一样，这取决于物种的各个生命时期生长活动的需求。

2.2.5.2　水文水力学要素

水文水力学要素与水的流动密切相关。水在河流范围内的四维空间中流动：侧向，即在渠道与洪泛区之间流动；纵向，从河流的源头到河口的上中下游流动；垂向，上覆水与底层水、地表水与地下水之间循环；还有一维即时间，也就是水流的年内年际变化。水文特征即流态用流量、重现期、滞留期、频次、变化率等来表述。水文的时间序列在评估对其他河滨要素产生的潜在影响时非常重要。进行生态过程评估如栖息地利用或产卵研究时，可以天为时间步长；测定水电站水流下泄时以小时为步长，用来评价栖息地的实用性和利用程度；水体溶解氧在一天之中是变化的，可用天或小时为步长进行模拟。更长的步长，如月或年用于物理过程研究则更为适用（张风玲等，2005）。

渠道内水流一般用流速和水深来表示，水力学特征也是描述河道内栖息地的重要指标之一。很多水生生物都会选择最佳流速和水深条件生存，因此需建立水动力学模型来描述水流的流速大小、流向、流场以及水深等。

2.2.5.3 水质要素

水质要素包括水温、溶解氧、pH值、电导率、浊度等对水生生物的生长发育等起重要作用的参数。水质参数可以反映出流域的地质状况、土地利用情况、气候以及营养来源。由于河流中的鱼类和一些大型无脊椎动物均为冷血动物，水温对它们的生长（新陈代谢率）、存活（如致死温度）、发育（如产卵讯号、孵化）等有很大影响。各种动物在不同时期对水温的耐受程度是不一样的。影响水温的因素有：径流、渠道宽度、热源输入、滨水遮阴度、水流流速等。溶解氧是影响激流生态系统的一个重要变量，径流、水温、紊流流态、有机物降解、藻类、大型植物的光合作用和呼吸作用、动物的呼吸作用都会影响到激流生态系统中的溶解氧。浊度、电导率、pH值及其他水质参数因子都会抑制或限制水生生物的分布与丰富度（宋进喜等，2006）。

2.2.5.4 地形学要素

地形学信息包括形成并维持河流渠道、栖息地、推移质、沉积物输移等自然过程，这些过程都伴随着水流而发生，随着重现期（一定水位冲刷植被的天数）不同产生的效果也不同。不同盆地中沉积物输移的过程也不同，由流量和沉积物颗粒的大小共同决定。齐岸（bankfull）水流对于维持渠道状态、形成栖息地等异常重要，其重现间隔在1.5～3年之间。在部分水位后退时会引起细沙（finesediment）淤积，导致水生生物产卵、摄食、庇护等栖息地减少，而水位低于岸堤时重要栖息地将发生泥沙冲刷现象。水文条件的变化会影响地形学过程，可通过改变齐岸水位出现的频次、水流的大小、重现期、频次等来改变泥沙输移、沉积物冲刷的方式（鲍卫锋等，2005）。

2.2.5.5 廊道连通性要素

河流廊道的连通性描述了河流生态系统中水、营养物质、沉积物、有机物或有机体在河道中的迁移和交换。连通性复杂且深入，包括物理、化学、水文学及生态学过程影响；连通性的尺度可以是侧向、纵向、垂向和时间尺度上的。洪泛区与河流之间连通为河流廊道的侧向连通性。侧向连通性对于河滨区域和特殊洪泛区形式（如U形湖）的维持、功能形成等都有重要作用。纵向连通性对于物种迁徙、物质循环和能量传递、泥沙输移非常重要，水质表现出较强的纵向特征。垂直连通性体现在生物间，因为水体底部生活着大量无脊椎动物；垂直连通性也存在于河道水流和地下含水层之间，一些基流是靠泉水、地下水渗流补给的，在含水层中就可能会存在着激流生态系统。时间上的连通性可作为中介连通性连接水生生物、河滨物种的生命过程的连通性。目前的水电开发工程，引起了河流中水流流态的改变，故而影响了连通性。例如，建坝蓄水限制泥沙的输移，中断栖息地形成的纵向自然过程，改变物质循环和能量传递，减少水体溶解氧，降低水体浊度，阻断物种的迁徙通道。此外，建库控制下泄流量，减小下泄洪峰流量，改变下游洪泛区、滨水区和河流的连通性，影响营养物质、有机物质、泥沙以及生物的侧向交换。建坝后小规模的蓄水和泄水会引起河流栖息地水位的下降，而影响一些水生生物的通道（窦明等，2006）。

2.2.5.6 维持河流生态流量的指标体系

综合国内外关于维持河流生态系统健康的研究成果，初步提出指标体系，见表2-1。

表2-1 维持河流生态流量的指标体系

生态系统组成	生态系统健康和生态完整性指标	潜在控制因子	范例
能量资源	1. 进入河流的有机物颗粒类型、数量和大小 2. 河流主要物质生产所需光能 3. 河流可获得的能量季节特点	纬度 气候 地形 两岸植被	两岸植被减少，使河流捕获光能增加，有机物颗粒输入减少

续表 2-1

生态系统组成	生态系统健康和生态完整性指标	潜在控制因子	范例
水文	1. 水量、径流 2. 洪水频度、持续时间、最低径流 3. 食物贮存容量	流域地形 气候 土地利用 土地覆盖 建坝等水利工程	建坝等水利工程改变径流宽度、速度和持续时间，人类土地利用会改变水文情况
水质	1. 水温 2. 浊度 3. 溶解氧 4. 养分 5. pH 值 6. 化学污染物	流域地形 人类土地利用 自然物质 两岸植被	建坝等水利工程、不同的土地利用类型、两岸植被生境破坏等，可改变河水温度、输入沉积物、提高河水养分及污染物含量
生境条件	1. 基质类型 2. 水深、流速 3. 产卵、隐藏等特殊生境 4. 生境多样性	地理地形条件 建坝等水利工程 水文 两岸植被	两岸植被减少改变河岸稳定性和生境结构质量等
生物的相互作用	1. 水生植物覆盖率 2. 自然生物多样性 3. 种群多度和丰富度 4. 群落结构 5. 引进物种	物种自然关系（捕食、竞争、疾病、寄生等） 自然和人为干扰 生境条件	引进物种（植物或肉食动物）会改变生物生境

第3章 雅砻江干流生态环境现状及本底调查

雅砻江是金沙江的最大支流,发源于青海省巴颜喀拉山南麓,自西北向东南流至呷依寺进入四川省境内,大抵由北向南经甘孜、凉山两州,于攀枝花市汇入金沙江。甘孜以上为上游,甘孜—大河湾为中游,大河湾以下为下游。流域面积12.8万km^2,多年平均径流量600亿m^3。鲜水河为雅砻江左岸支流,上游分为达曲和泥曲。南水北调西线第一期工程在干流甘孜以上布置有阿达、热巴等坝址,阿安、仁达坝址分别位于达曲、泥曲上游。

雅砻江流域地处青藏高原东南部,介于金沙江和大渡河之间,整个流域为南北长950km、东西平均宽135km的狭长地带,南北跨越7个多纬度,是我国西部横断山区的重要组成部分。流域北部河源地区为海拔5 500m以上的高原,东西两侧均为海拔4 500m以上的高山峻岭,流域南部地势向南倾斜,海拔由4 500m降至1 500m。河流下切强烈,自河源至河口,高程由5 400m下降至980m,下切深度达4 420m,水力资源异常丰富。

雅砻江流域属川西高原气候区，主要受高空西风环流和西南季风影响，干湿季分明，在南北方向和垂直方向具有明显差异。11月~次年4月为干季，5~10月为雨季,雨季气候湿润,降雨集中。气温由北向南递增,北部干冷少雨多风,多年平均气温-5~5℃,年降水量500~800mm;中部温湿多雨,年平均气温10~15℃,年降水量1 000~1 800mm;南部干热,年平均气温18~21℃,年降水量900~1 300mm。流域内径流主要来自降水，部分为融雪和地下水补给，径流年内变化及地区分布与降水基本一致，具有年际变化不大、年内分配不均的特性。

3.1 地形、地貌

区内地势西北高,东南低。巴颜喀拉山南麓是雅砻江、大渡河的发源地,北麓是黄河的发源地,海拔多在 5 000m 以上。河源区属高原丘陵地貌,地势平坦,分布有起伏不大的浑圆形山包,相对高差小,河谷宽浅;河源区至坝址处,逐步向山塬地貌过渡,河谷束窄,岭、谷高差加大。区内片状、岛状多年冻土和季节性冻土并存。根据现有的 90m 网格全国 DEM 图,经 GIS 软件切割得到雅砻江流域 DEM 地形图(委托中国科学院地理科学与资源研究所做),如附图 2 所示。从图中可以看出,雅砻江全流域在海拔 2 550m 以上,流域内地势北、东、西三面是海拔 4 500 ~5 500m的高山及高原,南面是海拔 2 000 ~3 000m 的峡谷。

重点研究河段内,坝址下游至贡隆段山坡较为平缓,山体浑圆,波状起伏(见附图 3);往下甘孜县城河段,地形愈趋平缓,河谷开阔,河流宽浅,水流较慢(见附图 4);而至新龙峡谷段,两岸河谷陡峭,近乎垂直下切,河道纵向坡降大,河道狭窄,水流湍急(见附图 5)。

雅砻江调水河流地区为丘状高原地貌向山地地貌过渡的山塬地貌,海拔在 3 500 ~4 000m 之间,宽谷与峡谷相间排列,漫滩阶地断续出现。该地区河流过渡特征明显,距丘塬愈远,特别是靠近高山地带的山塬河段,谷地深邃,谷底宽 200 ~400m,相对高差 600 ~1 000m;靠近丘塬地区河段,谷地宽阔平展,谷地宽 500 ~1 700m,曲流、河滩、洪积扇均较发育。道孚以上区域呈北西—南东向狭长条状,地势由北西向东南倾斜。引水坝址处河谷狭窄,谷宽 50 ~150m,河谷下切剧烈,两岸岭、谷高差达 1 000m 左右。雅砻江干流河谷形态如附图 6 ~附图 9 所示。

3.2 土壤与土地利用

西线调水区处于青藏高原片状多年冻土区向岛状多年冻土区和季节冻土区过渡的混交地带,季节冻土仅分布于海拔 4 200m 以下的沟谷内。

调水河流地区土壤类型繁多,分布复杂。高海拔区域地势高亢,气候寒冷,林木及农作物生存环境脆弱,主要为广阔的缓坡草原牧场,土壤属高山草甸土,在低洼带有泥炭化和底土潜育化现象,并有高山寒漠冻土和沼泽土分布;中部山地起伏大,坡面很陡,绝大部分为森林土壤,在生物和气候等因素的影响下,具有明显的垂直分布特征,自下而上大致是山地褐土(海拔2 200 ~2 800m)、山地棕壤土(2 800 ~3 500m)、山地暗棕壤或山地灰化土(3 500 ~4 100m)、亚高山草甸土和高山草甸土(海拔4 100 ~4 800m),缓坡地带多为冰水堆积物形成的土壤。高山草甸土和亚高山草甸土占土壤总面积的50%以上,是该区域的主要土壤类型,也是本区重要的畜牧业基地;棕壤和褐土占土壤总面积的10%以上,是本区主要的森林土壤。

根据1990年、1995年和2000年3期土地利用图统计得到雅砻江流域主要的土地利用类型,可以分析得到LUCC的变化分布情况,并对本流域25种土地利用类型面积和所占比例进行说明。图3-1、图3-2分别为雅砻江流域1990年、1995年、2000年土地利用统计图,将25种细类归纳成耕地、林地、草地、水域、城乡工矿居民用地和未利用土地6种主要大类(委托中国科学院地理科学与资源研究所做)。

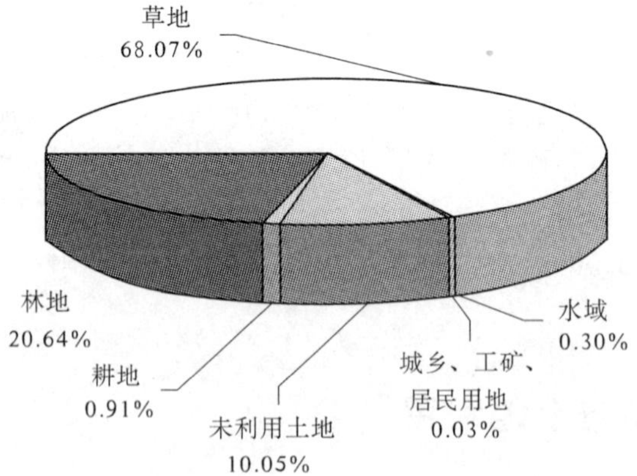

图3-1　雅砻江流域1990年土地利用统计图

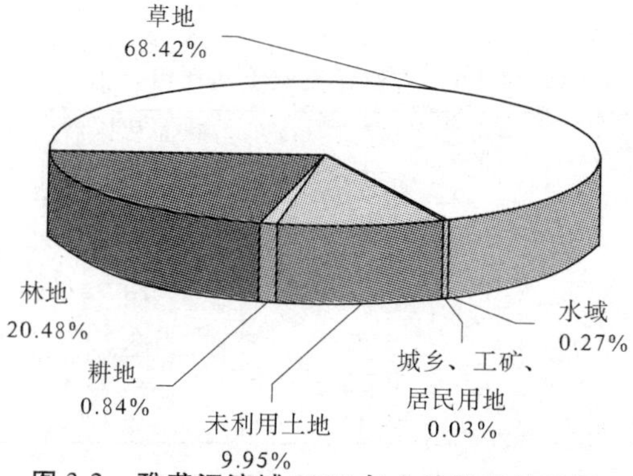

图 3-2 雅砻江流域 1995 年土地利用统计图

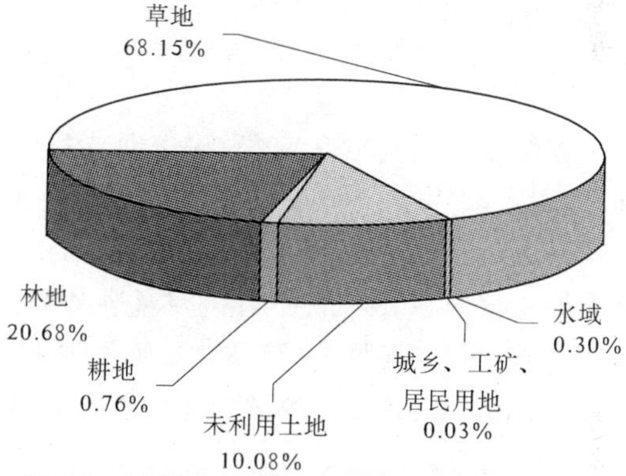

图 3-3 雅砻江流域 2000 年土地利用统计图

从上述图表可以得出以下结论：

(1)雅砻江流域土地利用类型以草地和林地为主。草地占整个总流域面积的 68% 强；其次为林地，占 20% 强；再次之为未利用土地，为 10% 左右；耕地、水域和人类生活用地所占比例极小，三者总和不及 2%。由此从整体上可以说明雅砻江流域主要生态保护对象为植被。

(2)雅砻江流域各种土地利用类型变化很小。从土地利用的相对变化情况可以看出(见表 3-1)，在总的相对变化中，从 1990 年到 2000 年这 10 年间，只有耕地面积减少，相对减少 16.15%，其他土地利用类型均小幅增加，其中以人类生活用地(包括城乡、工矿、居民用地)变化较大，但也仅相对增加 3.87%。由此说明该时间段内雅砻江流域人类活动影响相对较小。

表 3-1　雅砻江流域土地利用变化

土地利用类型	占总面积比例(%)(1990 年)	占总面积比例(%)(2000 年)	相对变化率(%)
耕地	0.91	0.76	-16.15
林地	20.63	20.68	0.22
草地	68.07	68.15	0.12
水域	0.30	0.30	1.91
城乡、工矿、居民用地	0.03	0.03	3.87
未利用土地	10.05	10.08	0.28

3.3　气象

调水的水源区位于青藏高原东南缘,属于北亚热带地区,但由于地处内陆腹地,地势高亢,受大气环流的影响,气候属高原季风气候。区内长冬无夏,春秋相连,干雨季分明,日照充足,太阳辐射强烈。

区内气候垂直变化明显,地面气压低,空气中含氧少。雅砻江的甘孜,年平均气温 5.6℃,年无霜日约 73 天;大渡河河源区的阿坝,年平均气温 3.3℃,年无霜日约 80 天。各区气象要素见表 3-2。

表 3-2　调水区气候主要特征值

流域		年平均气温(℃)	最低月气温(℃)	最高月气温(℃)	≥10℃年积温(℃)	无霜日数(d)	年日照时数(h)	年降水量(mm)	相对湿度(%)	年蒸发量(20cm 口径)(mm)
雅砻江	甘孜	5.6	-4.4	14.0	1 259.4	73	2 640.8	636.5	56	1 654.7
	新龙	7.4	-2.2	15.1	1 887.1	115	2 156.4	603.5	55	1 602.7
	雅江	11.0	1.6	18.0	3 098.3	188	2 319.1	650.3	53	1 949.8

区内地面气压在 610 ~ 700hPa 之间,相当于海平面标准气压的 60% ~70%;水的沸点在高程 3 000 ~ 4 200m 时为 84.4 ~ 82.6℃;气温 5℃时,空气含氧量为 0.176 ~ 0.190kg/m^3,相当于海平面的 60% ~ 66%;年降水量自东向西递减,东部大渡河河源区约为 700mm,雅砻江一带约为 600mm,其中 6 ~ 9 月份降水量占年降水总量的 70% ~ 80%;

全年降雪量主要出现在5、6、9、10四个月期间，阿坝—色达—玉树一线北侧地区，全年平均降雪量超过100mm，实际降雪日数在100天以上，积雪日数达80天，最大积雪深度达20cm，在海拔4 000m以上地区，即使在夏季7、8月间也时有降雪出现。

区内各地平均风速有随高程增加而加大趋势，风向受局部地形影响显著。雅砻江甘孜—石渠一带，年平均风速为1.9 ~3.1m/s，最大风速达25m/s，最多风向与最大风速风向以西北风偏多。调水区及输水区气候环境恶劣。除严寒、干旱、雪灾、低压、缺氧外，霜冻、雷暴与冰雹、沙尘暴等灾害性天气比较频繁。

3.4 水文

雅砻江引水河流地区水量充沛，径流来源主要为降水、冰川融雪与地下水。每年11月至次年3月为枯水期，降水减少，径流主要靠地下水补给，部分由融雪补给；4 ~5月为枯丰水过渡期，径流为地下水和降雨补给；6 ~10月为丰水期，径流则以降雨为主。河川径流汛期以降水补给为主，枯水期以地下水和高山融雪补给为主。

雅砻江地区径流量变化较平稳，变动幅度小。根据坝址下游的甘孜站30年(1960 ~1990年)水文资料统计，多年平均年径流量为86.9亿m^3，径流年际变化较小。年内在枯水期流量比较稳定，年径流量主要集中在6 ~10月，径流量占年径流量的75% ~80%。最大月径流量出现在7月，约占年径流量的20%；最小月径流量出现在2月，约占年径流量的2%(见图3-3)。

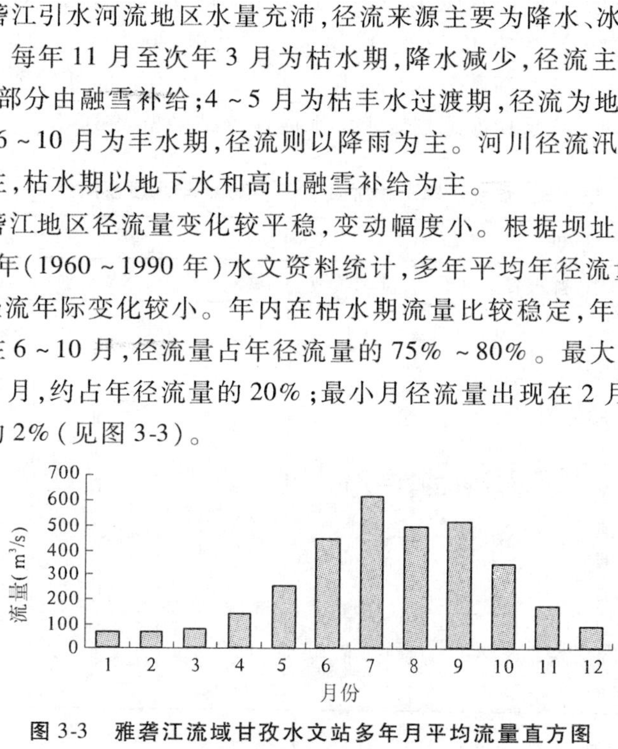

图3-3 雅砻江流域甘孜水文站多年月平均流量直方图

区内人烟稀少，受人类活动影响小，植被较好，因此产沙量小，河流含沙量均小于 1kg/m³。

3.5 水质现状

按照《四川省地面水水域功能划类管理规定》，雅砻江在四川省甘孜州境内的入境处至九龙县小金乡江段被划定为Ⅱ类地面水水域，以下至江口段为Ⅲ类地面水水域。雅砻江全流域仅在干流下游的桐子林断面（距雅砻江出口 12km）和支流安宁河的泸沽、湾滩断面有三处常设水质监测站点，现状水质资料奇缺。

据四川水文水资源信息网上公布的 2003～2005 年水质监测评价，雅砻江干流桐子林断面水质，除 2003 年 6 月总磷、BOD_5 超标，2004 年 9 月总磷超标为劣Ⅴ类水，12 月铅、镉超标为Ⅴ类水，2005 年 7 月总磷、氨氮超标为Ⅴ类水，9 月溶解氧超标为Ⅳ类水外，其他绝大部分时期为Ⅱ、Ⅲ类水，水质良好，满足功能区划要求。水质评价结果见表 3-3。

表 3-3　雅砻江桐子林断面 2003～2005 年水质预测结果

月份	2003 年		2004 年		2005 年	
	水质类别	超标因子	水质类别	超标因子	水质类别	超标因子
1 月	Ⅱ		Ⅱ		Ⅱ	
2 月			Ⅱ		Ⅱ	
3 月			Ⅱ		Ⅱ	
4 月	Ⅱ		Ⅱ		Ⅱ	
5 月			Ⅱ		Ⅲ	
6 月	Ⅴ	总磷、BOD_5	Ⅱ		Ⅲ	
7 月	Ⅲ		Ⅲ		Ⅴ	总磷、氨氮
8 月	Ⅲ		Ⅱ		Ⅱ	
9 月	Ⅲ		劣Ⅴ	总磷	Ⅳ	溶解氧
10 月	Ⅲ		Ⅱ		Ⅲ	
11 月	Ⅱ		Ⅱ		Ⅱ	
12 月	Ⅱ		Ⅴ	铅、镉	Ⅱ	

根据工作需要，特委托四川水文水资源勘测局对引水坝址断面水质分别按丰、平、枯水期三个时段进行监测。监测结果表明，汛期2004年7月，雅砻江泥曲的泥柯断面和达曲夺多断面，水质综合评价结果为Ⅱ类水，非汛期2004年10月水质综合评价结果为Ⅰ类水，2005年5月为Ⅲ类水。水质单项指标评价，除2004年溶解氧在汛期的泥曲泥柯断面和达曲夺多断面为Ⅱ类，总磷、氨氮在汛期达曲夺多断面为Ⅱ类，2005年5月氨氮在泥曲泥柯断面和达曲夺多断面为Ⅲ类外，其余指标均达到地面水Ⅰ类标准。雅砻江干流阿达坝址及其下游雅江下桥断面以上河段和鲜水河，除2006年4月雅砻江干流阿达断面水质因氨氮超标为Ⅲ类水外，其余时段均满足Ⅰ～Ⅱ类水标准。水质监测资料详见表3-4～表3-6。

总体看，雅砻江调水河流地区位于上游源头段，地广人稀，由于雅砻江流域经济总量不大，且以农牧业为主，加之河道流量丰沛，目前水质情况良好。

3.6 研究区植物现状

3.6.1 植物区系的地理成分及其基本特征

研究区复杂的地形地貌孕育了独特的生物区系和植被类型，植被相对保存良好，植物种类丰富，有乔木、灌丛、草地、苔藓、地衣，具明显垂直分布特点的自然植被景观，这里植被类型多样，种类组成复杂，具有珍稀物种，其中包含青藏高原特有种植物种类以及国家Ⅱ级保护的珍稀濒危野生植物资源。为了更好地了解研究区的陆生动植物本底情况，特委托中国科学院青海盐湖研究所对陆生动植物本底进行了现场调查与专题研究，取得了大量调查与研究成果。

3.6.1.1 植物区系的地理成分

在对研究区进行野外植物采集、群落样方调查的基础上，同时收集和分析整理相关资料（见相关参考文献），总结出了研究区的植物名录（见附录Ⅰ）。研究区内共有高等植物有73科、135属、490种（包括

表 3-4　雅砻江引水坝址及下游水质监测综合评价成果

河流	监测断面	功能区划	监测时间									
			2004 年 7 月		2004 年 10 月		2005 年 5 月		2005 年 10 月		2006 年 4 月	
			类别	超标因子	类别	超标因子	类别	超标因子	类别	超标因子	类别	超标因子
泥曲	泥柯坝址	Ⅱ	Ⅱ		Ⅰ		Ⅲ	氨氮				
达曲	夺多坝址		Ⅱ		Ⅰ		Ⅲ	氨氮				
鲜水河	炉霍									Ⅱ	Ⅱ	
	道孚									Ⅱ	Ⅰ	
	野人沟									Ⅱ	Ⅰ	
雅砻江	阿达坝址									Ⅱ	Ⅲ	氨氮
	甘孜	Ⅱ								Ⅰ	Ⅱ	
	俄德	Ⅱ								Ⅰ	Ⅱ	
	雅江上桥									Ⅰ	Ⅱ	
	雅江下桥									Ⅱ	Ⅱ	

表 3-5　南水北调西线第一期工程引水坝址水质调查成果

断面编号	所属河流	断面名称	功能区划	监测时间（年－月）	项目	铜	锌	硫化物	氟化物	总氮	石油类	氰化物	汞	砷	铬	水温（℃）
YD$_1$	泥曲	泥柯	Ⅱ	2004－07	监测值	—	—	—	0.19	—	<0.04	<0.004	—	—	—	6.9
					类别	—	—	—	Ⅰ	—	Ⅰ	Ⅰ	—	—	—	
				2004－10	监测值	—	—	—	0.21		<0.04	<0.004	—	—	—	6.8
					类别	—	—	—	Ⅰ		Ⅰ	Ⅰ	—	—	—	
				2005－05	监测值				0.56			<0.004	—	—		12
					类别				Ⅰ			Ⅰ				
YD$_2$	达曲	夺多	Ⅱ	2004－07	监测值	—	—	—	0.11	—	<0.04	<0.004	—	—	—	7.3
					类别	—	—	—	Ⅰ	—	Ⅰ	Ⅰ	—	—	—	
				2004－10	监测值	—	—	—	0.25		<0.04	<0.004	—	—	—	9.0
					类别	—	—	—	Ⅰ		Ⅰ	Ⅰ	—	—	—	
				2005－05	监测值				0.53			<0.004				5.2
					类别				Ⅰ			Ⅰ				

续表 3-5

断面编号	所属河流	断面名称	功能区划	监测时间（年－月）	项目	pH值	溶解氧	COD	BOD_5	氨氮	挥发酚	总磷	铅	镉	粪大肠杆菌	水质综合评价类别
YD_1	泥曲	泥柯	Ⅱ	2004－07	监测值	8.03	6.9	—	—	0.15	<0.002	0.01	—	—	—	Ⅱ
					类别		Ⅱ	—	—	Ⅰ	Ⅰ	Ⅰ	—	—	—	
				2004－10	监测值	8.1	8.6	—	—	0.07	<0.002	<0.01	—	—	—	Ⅰ
					类别		Ⅰ	—	—	Ⅰ	Ⅰ	Ⅰ	—	—	—	
				2005－05	监测值	8.52	7.8	2.7	0.4	0.83	<0.002	<0.01	—	—	—	Ⅲ
					类别		Ⅰ	Ⅰ	Ⅰ	Ⅲ	Ⅰ	Ⅰ				
YD_2	达曲	夺多	Ⅱ	2004－07	监测值	7.09	7.3	—	—	0.18	<0.002	0.05	—	—	—	Ⅱ
					类别		Ⅱ	—	—	Ⅱ	Ⅰ	Ⅱ	—	—	—	
				2004－10	监测值	7.7	8.1	—	—	0.07	<0.002	0.01	—	—	—	Ⅰ
					类别		Ⅰ	—	—	Ⅰ	Ⅰ	Ⅰ	—	—	—	
				2005－05	监测值	8.54	7.5	4.1	0.4	5.9	<0.002	<0.01	—	—	—	Ⅲ
					类别		Ⅰ	Ⅰ	Ⅰ	Ⅲ	Ⅰ	Ⅰ				

注：“—”表示未监测。

表 3-6　雅砻江引水坝址水质调查成果(2006 年 4 月)

基本情况		检测项目							
河名	监测站名	pH 值	溶解氧(mg/L)	BOD_5(mg/L)	COD(Mn)(mg/L)	氨氮(mg/L)	亚硝酸盐氮(mg/L)	硝酸盐氮(mg/L)	总硬度(mg/L)
雅砻江	阿达坝址	8.48	7.8	1.6	4.1	0.15	0.006	0.54	135
	甘孜	8.49	8.1	2.1	2.9	0.10	0.004	0.38	129
	俄德	8.44	9.0	1.2	3.3	0.21	0.006	0.44	127
	雅江上桥	8.5	8.4	1.4	2	0.14	0.006	0.37	121
	雅江下桥	8.57	8.7	1.1	2.3	0.16	0.005	0.28	121
鲜水河	炉霍	8.63	8.1	0.3	2.2	0.19	0.007	0.24	141
	道孚	8.56	8.4	0.5	2	0.12	0.005	0.30	143
	野人沟	8.52	8.4	1.3	2	0.12	0.005	0.32	144

续表 3-6

基本情况		检测项目								水质类别
河名	监测站名	挥发酚（mg/L）	氰化物（mg/L）	总磷（mg/L）	氟化物（mg/L）	油类（mg/L）	铁（mg/L）	锰（mg/L）	悬浮物（mg/L）	
雅砻江	阿达坝址	<0.002	<0.004	0.04	0.12	0.057	0.11	<0.01	45	Ⅲ
	甘孜	<0.002	<0.004	0.02	0.10	0.057	0.13	<0.01	52	Ⅱ
	俄德	<0.002	<0.004	0.03	0.13	0.21	0.21	<0.01	51	Ⅱ
	雅江上桥	<0.002	<0.004	0.02	0.18	<0.04	0.19	<0.01	49	Ⅱ
	雅江下桥	<0.002	<0.004	<0.01	0.22	<0.04	0.19	<0.01	56	Ⅱ
鲜水河	炉霍	<0.002	<0.004	0.03	0.08	<0.04	0.26	<0.01	57	Ⅱ
	道孚	<0.002	<0.004	0.02	0.10	<0.04	0.20	<0.01	38	Ⅰ
	野人沟	<0.002	<0.004	0.02	0.09	<0.04	0.20	<0.01	55	Ⅰ

种、亚种和变种），根据植物名录，统计编制出研究区种子植物区系类型表，见表3-7。

3.6.1.2 植物区系的基本特点

研究区雅砻江干流流域地势高峻、气候寒冷，两岸阴坡多混交林、针叶林或灌丛草甸，阳坡多为稀疏灌丛草地，局部有流石滩。植物区系主要由一些适应于高原高寒条件的植物所组成。研究区植物区系的基本特点反映为植物种类丰富、起源古老及单种和少种的科属较多、地理成分比较复杂、特有种较多、某些科属的种类现代地理成分集中等方面。

1）植物种类丰富

研究区植物种类有73科、135属、490种，平均每科有5.3种。植物种类在每科10种以上的有14科，占总科数的19.5%；有412种，占总种数的80%。

2）地理成分复杂

研究区植物有135属、490种，其中北温带成分最多，有71属、309种；其次为旧世界温带成分、世界广布成分、温带亚洲成分，共有10～15属；其余成分均在10属以下。

北温带成分71属，占本区总属数的52.6%，居所有分布类型之首。北温带成分不仅数量最多，而且乔灌木种类丰富，构成了雅砻江库区主要植被类型的建群种和优势种，并且以最广泛分布的伴生植物出现在林区。常见的如云杉属（*Picea*）、杨属（*Populus*）、桦木属（*Betula*）、栎属（*Quercus*）、樱属（*Cerasus*）、圆柏属（*Sabina*）、松属（*Pinus*）、山楂属（*Crataegus*）、刺柏属（*Juniperus*）等构成了雅砻江库区森林植被的主要乔木层；小檗属（*Berberis*）、忍冬属（*Lonicera*）、栒子属（*Cotoneaster*）、茶藨子（*Ribe*）、蔷薇属（*Rosa*）、悬钩子属（*Rubus*）、绣线菊（*Spiraea*）、柳属（*Salix*）、锦鸡儿属（*Caragana*）、沙棘属（*Hippophae*）等属构成了该区森林群落的灌木层；蒿属（*Artemisia*）、唐松草属（*Thalictrum*）、委陵菜属（*Potentilla*）、马先蒿属（*Pedicularis*）、风毛菊属（*Saussurea*）、虎耳草属（*Saxifraga*）、地肤属（*Kochia*）、景天属（*Sedum*）、野豌豆属（*Vicia*）、缬草属（*Valeriana*）、婆婆纳属（*Veronica*）、茜草属（*Rubia*）、苜蓿属（*Medicago*）、毛茛

表 3-7　研究区种子植物区系类型

区系类型	科数	占总科数百分比(%)	属数	占总属数百分比(%)	种数	占总种数百分比(%)
1. 世界广布成分	9	12.5	15	11.1	82	16.6
2. 泛热带成分	3	4.1	4	2.9	5	1.1
3. 热带亚洲和热带美洲间断成分	2	2.3	3	2.2	4	0.8
4. 旧世界热带成分	1	1.3	1	0.7	3	0.6
5. 北温带成分	33	45.8	71	52.5	309	62.8
6. 东亚和北美洲间断成分	2	2.3	7	5.1	19	3.8
7. 旧世界温带成分	8	11.1	11	8.1	31	6.3
8. 温带亚洲成分	7	9.7	10	7.4	11	2.2
9. 东亚成分	3	4.1	5	3.7	14	2.8
10. 中国特有成分	4	5.5	8	5.9	12	2.4
11. 地中海区、西亚至中亚成分	1	1	1	0.4	1	0.1
合计	73	100	135	100	490	100

属(*Ranunculus*)、龙胆属(*Gentiana*)、狼毒属(*Stellera*)、银莲花属(*Anemone*)、苔草属(*Carex*)、嵩草属(*Kobresia*)等草本植物属为本区林下和各类灌丛及草甸等植被类型中的优势种类;禾本科的许多属如早熟禾属(*Poa*)、针茅属(*Stipa*) 等属均为温带草原的优势种;乌头属(*Aconitum*)、翠雀花属(*Delphinium*) 、白头翁属(*Pulsatilla*)、播娘蒿属(*Descurainia*)、苔草属(*Carex*) 等属为干旱地区的建群种,在本区也有大量分布。

旧世界温带分布 11 属,占总属数的 8.1% ,是本区的第二大类型。木本科主要有沙棘属(*Hippophae*) 、连翘属(*Forsythia*)、女贞属(*Ligustrum*)、丁香属(*Syringa*)等属,是山地带灌丛植被的建群成分;草本科常见的有石竹属(*Dianthus*)、鹅观草属(*Roegneria*) 、菊属(*Dendranthema*) 、旋覆花属(*Inula*) 、瑞香属(*Daphne*)、百里香属(*Thymus*)、川续断属(*Dipsacus*)、益母草属(*Leonurus*)、香薷属(*Elsholtzia*)、芨芨草属(*Achnatherum*) 等属。

泛热带分布 4 属。泛热带属虽集中分布于两半球的热带地区,但其中一些属有时向南或向北分布到暖温带或温带地区。出现于该区的泛热带属,如菟丝子属(*Cuscuta*)、大戟属(*Euphprbia*)主要分布于热带地区,也延伸到温带地区;卫矛属(*Euonymus*)、打碗花属(*Calystegia*)、狼尾草属(*Pennisetum*)、狗尾草属(*Setaria*)等属虽然在划分上属于泛热带分布,但却具有明显的温带性质;许多属的主产地是热带至温带地区,如曼陀罗属(*Datura*)、马唐属(*Digitaria*)等属。

东亚分布 5 属,占总属数的 3.7%。重要的有侧柏属(*Platycladus*)、败酱属(*Patrinia*)、地黄属(*Rehmannia*)、紫苏属(*Perilla*)、五加属(*Acanthopanax*)、党参属(*Codonopsis*)、狗娃花属(*Heteropappus*)、糙苏属(*Phlomis*)、橐吾属(*Ligularia*)、刺儿菜属(*Cirsium*) 等属,它们的共同特点是均属主产于我国西南和西北地区的高原、高山、旱生类型。

温带亚洲分布属 10 属,占总属数的 7.4%。木本科中的锦鸡儿属(*Caragana*)等属是灌丛植被的建群成分或优势成分;草本科常见的有米口袋属(*Gueldenstaedtia*)、大黄属(*Rheum*)、附地菜属(*Trigonotis*)等属。除上面所分析的较大成分之外,还有主产于中亚地区的白刺属

(*Nitraria*)和主产东半球温带地区的变型成分骆驼蓬属(*Peganum*),以及地中海的狼紫草属(*Lycopsis*)、角蒿属(*Incarvillea*)等属。

东亚至北美洲间断分布占总属的5.1%,木本科有胡枝子属(*Lespedeza*)、珍珠梅属(*Sorbaria*) 等属,是灌丛植被的建群成分或优势成分;藤本科有北五味子属(*Schisandra*)属;草本科蟹甲草属(*Cacalia*)等属。菝葜属(*Smilax*)、苦木属(*Picrasona*)、无患子属(*Sapindus*)等属为热带亚洲至热带美洲间断分布属。合欢属(*Albizia*)、天门冬属(*Asparagus*)等属为旧世界热带分布。苦荬菜(*Ixeris*)等属为热带亚洲分布。多种成分并存,体现了本区植物区系地理成分的复杂性和多样性。

3)老种及单种、少种的科属较多

由于研究区具有复杂多变的地理环境和自然历史,使很多起源古老的植物得以生存与繁衍,如起源于石炭纪-第三纪的裸子植物有松科(Pinaceae)、杉科(Taxodiaceae)、柏科(Cupressaceae)、麻黄科(Ephedraceae)等;起源于侏罗纪(或三叠纪)-第四纪的被子植物有胡桃科(Juglandaceae)、杨柳科(Salicaceae)、桦木科(Betulaceae)、壳斗科(Fagaceae)、五味子科(Schisandraceae)、蔷薇科(Rosaceae)、豆科(Fabaceae)等。单种属研究区有侧柏属(*Platycladus*)。少种(2~6种)属,研究区有杉木属(*Cunninghamia*)、虎榛子属(*Ostryopsis*)、沙棘属(*Hippophae*)等。这些单种属、少种属的植物一般起源古老或系统演化上都较原始。

4)特有乔木树种

研究区分布的乔木树种属于中国特有种。分布于研究区的有鳞皮冷杉(*Abies squamata*)、川滇冷杉(*Abies forrestii*)、鳞皮云杉(*Picea retroflexa*)、川西云杉(*Picea balfouriana*)、紫果云杉(*Picea purparea*)、干香柏(*Cupressus duclouxiana*)、方枝柏(*Sabina saltuaria*)、大果圆柏(*Sabina tibetica*)、峨眉蔷薇(*Rosa omeiensis*)等。

5)现代地理分布集中

研究区的冷杉属、云杉属、圆柏属、杨属等植物属,不仅种类较多,而且在地理分布上也较集中,以北温带成分居多。

3.6.2 植物群落结构及群落物种多样性

对样方中出现的维管束植物的统计结果表明，在所有样方中，共记录到物种 490 种。森林植被主要优势群落的建群种为川西云杉（*Picea likiangensis*）、紫果云杉（*P. purpurea*）、青海云杉（*P. crassifolia*）等。灌丛植被与高寒草甸成复合分布，构成高山灌丛草甸带，主要植被有山生柳（*Salixneomanematchinensis*）、金露梅（*Potentilla fruticosa*）、杜鹃（*Rhododendron*）、锦鸡儿（*Caragana jubata*）、高山绣线菊（*Spiraea alpina*）、鲜卑花（*Sibiraea laevigata*）、沙棘等。高山草甸和高寒草原是雅砻江热巴水库工程区域主要植被类型和天然草场，高山草甸植被以小嵩草（*Kobresia parva*）、藏嵩草（*Kobresia schoenoides*）、矮嵩草（*Kobresia humilis*）、异叶针茅等种群为优势，种类成分较为丰富，分布广、面积大，但区系成分简单。高寒草原以青藏苔草（*Carex moorcrogtii*）和紫花针茅（*Stipa purpurea Griseb*）为主，植被稀疏，覆盖度小，草丛低矮，层次结构简单。垫状植被分布在山地高寒草甸带以上与高山流石坡稀疏植被带之间，一般呈块状分布和狭带状分布，常见的种类有垫状点地梅（*Androsace tapete*）、蚤缀（*Arenaria seropyllifolia*）、虎耳草（*Saxifraga*）、风毛菊（*Saussureas*）和葶苈（*Drabanemorosa*）等。高山流石坡稀疏植被主要以风毛菊、葶苈、蚤缀等为主。

3.6.3 主要植被类型及其分布

植物种类调查是研究一个地区植物多样性、植物区系、植物分布规律、生物演替规律、生物群落之间相互作用、相互影响以及生物与环境相互关系的重要方法与手段。对雅砻江热巴库区及下游植物资源的详细调查表明，这一区域植物资源丰富，植物种类多，生物量较高，景观类型多样，生态系统稳定，植物类群呈正向演替。根据雅砻江热巴库区淹没区及下游样方调查统计植物的种类，有优势种、建群种、稀有种及国家保护种类。本区主要植被类型有亚高山暗针叶林、针叶混交林、高寒灌丛、高寒草甸草原植被类型（附图 10），以云杉、桦树、小檗、柳、委陵菜、苔草为代表的植物类型。现将主要植被类型特征及其分布分别阐述如下。

3.6.3.1　森林

森林植被以针叶林为主体，阔叶林在区域内分布少，甚至没有形成大面积的纯阔叶林类型，植物群落简单，乔、灌、草层片明显。主要的森林类型有：云杉、冷杉林，云杉、冷杉、桦木、高山栎林等，森林总面积为 282.16km²，占研究区总土地面积的 3.23%，其中云杉、冷杉林面积为 281.39km²，是研究区内面积分布最大的一类森林；云杉、冷杉、桦木、高山栎林面积仅为 0.77km²。

1）云杉、冷杉林

区域内以川西云杉、紫果云杉和鳞皮冷杉等为优势种组成的针叶林类型，面积为 281.39km²，占区内森林总面积的 99%，是区内主要森林类型。

（1）川西云杉林

川西云杉，常绿高大乔木。浅根性，幼年生长较慢，寿命长达 400 余年，高可达 40 余 m，胸径达 1m 以上。川西云杉耐阴，耐高寒。生于海拔 3 500 ~ 3 900m 的阴坡，多呈片状分布，海拔 4 000 ~ 4 300m 之间尚有零星分布，4 300m 以上与高寒灌丛相接。在寒温、湿润气候条件下，分布在中性或微酸性山地棕色针叶林土上的林木，生长良好，林相整齐，单位蓄积量较高。通常有乔木、灌木、草本和苔藓 4 个层次，但在高密度下，仅有乔木和苔藓两个层次。

乔木层以川西云杉为绝对优势，组成同龄单层纯林，仅在山地下部有小面积的白桦混交。林分平均年龄 180 年，平均胸径 19.2cm，平均高 17.8m，郁闭度约 0.4，平均每公顷蓄积量 220m³。最大单株胸径 170cm，树高 58m，单株材积达 20m³ 以上，树龄一般在 350 ~ 400 年。

灌木层在海拔 3 900m 以下的坡地上多不发育，层盖度一般不超过 10%，以唐古特忍冬（*Lonicera tangutica* ）、越橘叶忍冬（*Lonicera myrtillus*）等占优势，层平均高 1m 左右。但在海拔 3 900m 以上则灌木密生，以长管杜鹃（*Rhododendron tubulosum*）占优势，山生柳（*Salix oritrepha*）、银露梅（*Poteatilla glabra*）、鬼箭锦鸡儿（*Caragana jubata*）、高山绣线菊（*Spiraea alpina*）等也很常见，层盖度 60% 以上，层平均高 1 ~ 1.5m，均

匀分布。在河谷，林下灌木甚为发育，种类较多，主要有腹毛柳（*Salix delavayana*）、水栒子（*Cotoneaster multifiorus*）、锦鸡儿（*Caragana*）等，层盖度50%～80%，层平均高1.5～3.0m。

草本层发育良好，种类较多。主要有祁连苔草（*Carex allivesens*）、膨囊苔草（*Carex lehmanii*）、甘肃苔草（*Carex kansuensis*）、线叶嵩草（*Kobresia capillifolia*）、珠芽蓼（*Polygonum viviparum.*）、林生风毛菊（*Saussurea sylvatica*）、羌活（*Notopterygium incisum*）、狭瓣虎耳草（*Saxifroga pseudohirculus*）、疏花雀麦（*Bromas remotifiorus*）、长花马先蒿（*Pedicularis longiflora*）、太白韭（*Allium prattii*）、东方草莓（*Fragaria orientalis*）、藏异燕麦（*Helictotrichon tibeticum*）等，覆盖度变化较大，多在60%～80%之间。

苔藓层不甚发育，盖度多在20%～30%，成团块状，与草本层相间分布。层外植物有甘青铁线莲、油杉寄生及松萝等。

（2）紫果云杉林

紫果云杉常与川西云杉、鳞皮冷杉、青海云杉（*Picea crassifolia*）组成混交林。常绿针叶高大乔木，耐寒、喜阴湿，林相外貌整齐，呈深绿色。是高海拔地区主要的针叶树木之一，也是组成过熟林的主要成分。幼龄耐阴性强，生长慢，20～30龄后生长加快，120龄后生长减缓。

乔木层以紫果云杉为优势，常组成同龄单层纯林。由于森林发展阶段不同，类似复层林或异龄林也偶有出现。生于海拔2 900～4 300m之间，但主要集中分布于3 100～4 000m的阴坡或半阴坡。紫果云杉常与川西云杉、鳞皮冷杉、紫果冷杉或白桦（*Betula platyphylla*）构成混交林。林分平均林龄在110～200年间，林分平均高24～26m，在玛柯河林区最高可达30m左右，平均胸径24～26cm，个别林分可达50cm。其中优势木最高为50m，最大胸径达120cm。每公顷蓄积量450m^{3}左右，局部地段最高可达每公顷1 070m^3，郁闭度0.5～0.7。

灌木层一般发育较差，盖度为10%～30%，植株较矮，平均高0.6～1.5m，种类较少，主要有唐古特忍冬（*Lonicera tangutica*）、陇蜀杜鹃（*Rhododendron przewalskii*）、银露梅（*Potentilla glabra*）、甘青锦鸡儿（*Caragana tangutica*）、陕甘花楸（*Sorbus koehneana*）、灰栒子（*Cotoneas-*

ter acutifolius)、高山绣线菊(*Spiraea alpina*)等,盖度5% ~10%。杜鹃－紫果云杉林的下木发育良好,平均高度3 ~4m,盖度多在70% ~80%,均匀分布。

草本植物多生于林间空地,以嵩草(*Kobresia bellardii*)属、苔草属(*Carex*)、针茅属(*stipa*)和珠芽蓼、东方草莓(*Fragaria orientalis*)占优势,其他如高山露珠草(*Circaea alpina*)、沼生柳叶菜(*Zpilobium palustre*)、双花堇菜(*Viola bifloro*)、首阳变莱豆(*Sanicula giraldii*)、凤仙花属(*Impatiens*)、宽叶荨麻(*Unica laetevirens*)、紫花碎米荠(*Cardamine tangutorum*)、梅花草(*Parnassia*)、小花风毛菊(*Saussurea parriflora*)、升麻(*Cimicifuga foetida*)、三角叶蟹甲草(*Cacalia deltophylla*)、藓生马先蒿(*Pedicularis muscicola*)等也有较多的分布。盖度一般在40% ~50%之间,最高可达80%左右。

苔藓层发育良好,盖度多在50% ~90%之间,层平均高6 ~10cm,与草被相间分布。层外植物有松萝,多寄生在老龄林的树枝上,严重的地区也可在幼中龄林木上生活,甚至造成林木死亡。

(3)鳞皮冷杉林

鳞皮冷杉,常绿针叶高大乔木,耐寒、喜阴湿,林相外貌整齐,呈深绿色,常与川西云杉结合形成分布区内暗针叶林。是高海拔地区主要的针叶树木之一,也是组成过熟林的主要成分。

鳞皮冷杉林通常有乔木、灌木、草本和苔藓4个层次。乔木层以鳞皮冷杉为优势,常组成同龄单层纯林,生于海拔2 700 ~4 600m之间,但主要集中分布于3 400 ~4 000m阴湿的沟谷和阴向山坡。树高常达30余m,最高可达40m,胸径达1m,单株材积10余m^3,每公顷蓄积量400m^3左右,局部地段最高可达1 360m^3,郁闭度0.4 ~0.6。

灌木层发育,盖度为60% ~80%,优势种高达4 ~5m,分布均匀,主要有雪山杜鹃(*Rhododendron aganniphum*)、毛喉杜鹃(*cephalantum*)等。此外,有柳叶忍冬、西康花椒及冰川茶藨子等伴生种类。

草本植物发育差,总盖度10% ~30%,以景天为最多,其次有莎草、苔草、早熟禾、珠芽蓼、三角叶蟹甲草等。

苔藓层发育更差,总盖度小于10%,种类有锦丝藓、羽藓及提灯藓等。

2)云杉、冷杉、桦木、高山栎林

树木以紫果云杉、白桦、红桦(*Betula albo-sinensis*)为主,也有散生的鳞皮云杉,面积仅为0.77km^2。以川西云杉和紫果云杉占绝对优势,3种桦树均稀疏散生,高10m左右,大都生长不良,树干弯曲,有的枝疏叶稀,处于被压状态,有可能被云杉所更替。林下灌木和草被,与云杉、冷杉群丛相同。分布于阴坡半阴坡,土层厚30cm,坡度30度以上,海拔3 500m。

(1)红桦林

红桦是温性落叶阔叶乔木,是我国特有树木。性喜光,喜微酸性肥沃湿润土壤,也能耐寒耐旱、耐瘠薄,但在过于阴湿和干燥的土壤上生长不良。在较密林分中生长的红桦,树干通直,材质良好。红桦主要分布于玛柯河和杜柯河林区,适宜温暖湿润或半湿润气候,呈块状断续生长在海拔3 200~3 400m的半阴坡上。上部多与糙皮桦林相连。因生境比较阴湿,通常有乔木、灌木、草本和苔藓4个层次。

乔木层以红桦为优势种,通常组成单层纯林,或混生10%~30%青海云杉、青杆、白桦和山杨。白桦和山杨总是与红桦同层,而云杉因更替阶段不同,有时低于或高于红桦2~5m。林相不整齐,树干弯曲多叉。林分因受长期破坏多呈团状分布,一般郁闭度0.5~0.7,最高可达0.9,树高10~14(18)m,胸径12~20cm。平均每公顷蓄积量在60~180m^3之间。

林下灌木以唐古特忍冬为优势种,柳属、水子(*Cotoneaster multiflorus*)、湖北花楸(*Sorbus hupehensis*)、甘青卫矛(*Euonymus przewalskii*)、灰栒子、甘青锦鸡儿、峨眉蔷薇、扁刺蔷薇、八宝茶等分布较多,陕甘花楸均为单株分布。层盖度30%~50%,层平均高1~2m。在本层上部,常以青海杜鹃为主,并互为优势。此外,头花杜鹃、鬼箭锦鸡儿、高山绣线菊等亦为常见。层盖度多在60%~80%之间,层平均高3~4m。

草本层以祁连苔草为优势,披针叶苔草、珠芽蓼、东方草莓、升麻、紫花碎米荠等分布较多,舞鹤草和玉竹、轮叶黄精(*Polygonatum verticillatum*)、双花堇莱、藓生马先蒿以及早熟禾等亦为常见植物。覆盖度常达70% ~90%。

苔藓层发育较弱,层盖度为30% ~40%,呈团状,与草本层相间分布,主要种类同云杉林。

(2)糙皮桦林

糙皮桦属寒温性落叶阔叶乔木。适生于寒温湿润型气候。耐阴树木,主要分布在海拔2 700 ~3 800m阴坡,是垂直分布最高的天然阔叶林,分布高度可达3 900m。由于生长在高山,气候寒冷,一般树木矮小,树干弯曲,多分叉。林分密度较低,林下灌木层、草木层和苔藓层都比较发育。

在以糙皮桦为优势的乔木层中,多形成单层同龄纯林,或呈块状混生10% ~20%云杉,且云杉常高出主林层3 ~5m。常见郁闭度为0.4 ~0.5,最高达0.7,林分平均年龄多在40 ~100年间,树高5 ~8m,胸径8 ~20cm。平均每公顷蓄积量变动在30 ~100m^3之间。本类型因地处高寒,林分生长缓慢,树干低矮,干形弯曲多叉,多呈小乔木或灌木状态,生产力甚低。

林下灌木层发育良好,覆盖度50% ~80%,分布较均匀,平均高2 ~4m。主要种类以青海杜鹃为主,并互为优势,陇蜀杜鹃、鬼箭锦鸡儿、高山绣线菊、灰栒子、陕甘花楸、刚毛忍冬、唐古特忍冬、扁刺蔷薇亦为常见植物。

草本层发育中等,覆盖度一般为30% ~50%。以披针叶苔草、珠芽蓼为优势,东方草莓、紫花碎米荠次之。苔藓层盖度多在40% ~50%。

3.6.3.2 灌丛

研究区灌丛植被分布广泛,主要是高寒灌丛,总面积为1 000.73 km^2,占研究区土地总面积的11.4%。

高寒灌丛主要包括高山柳灌丛、杜鹃花灌丛、窄叶鲜卑花灌丛、金露梅灌丛、鬼箭锦鸡儿灌丛和沙棘灌丛等,是区内主要的灌丛植被类型。

灌丛发育低矮,外貌较整齐,分布均匀成片,总盖度90%左右,具有显著的灌木层和草本层。灌木层盖度一般在75%左右,高1m,均呈丛状着生。种类组成以毛蕊杜鹃为绝对优势，常见伴生种有杯腺柳、高山绣线菊、金露梅等。草本层盖度达 85%，叶层高约 10 余 cm，常见种类有苔草、珠芽蓼、风毛菊、矮泽芹（*Chamaesium paradoxum*）、高山龙胆、早熟禾、马先蒿、香青、野葱等。苔藓植物发育较弱，盖度不及 10%，常见种类有毛梳藓和真藓。据马尔康米亚脚沟毛蕊杜鹃灌丛调查，毛蕊杜鹃灌丛距林缘较近的地带有零星生长的云杉幼树，但因海拔较高，云杉生长不良，发生数量极少，故灌丛保持着稳定发育状态。

灌丛结构，外貌与上述各类小叶型杜鹃灌丛相似。灌木生长密集，丛生，盖度 52% ~65%，最大可达 80%，高 40 ~ 80cm。种类组成较稀少，常见伴生种有柳、高山绣线菊、细枝绣线菊、金露梅、银露梅、刚毛忍冬等。灌丛中草本植物发育稀疏，盖度达 10% ~20%，主要种类有细柄茅、羊茅、圆穗蓼、珠芽蓼等。苔藓植物在地表密生成片，盖度达 60%，一般厚 5cm 左右。

受高寒多风的影响，灌丛发育低矮，且生长密集，丛状或垫状匍匐生长，总盖度 50% ~80%，灌丛高 50cm 左右。灌丛以密枝杜鹃为单优势，伴生种常见有窄叶鲜卑花、金露梅、高山绣线菊等。爬柳（*Salix souliei*）在灌丛中也较常见并能在阴湿地段形成小片优势。

灌丛中，草本植物发育稀疏，生长低矮，盖度达 20% 左右，高 10 ~ 30cm。常见种类有康定委陵菜（*Potentilla tatsienensis*）、四川蒿草、珠芽蓼、圆穗蓼、四裂红景天（*Rhodiola quadrifida*）、高山龙胆、山地虎耳草、穗序剪股颖（*Agrostis hugoniana*）、锡金报春花（*Primula sikkimensis*）等。

苔藓植物在林地上发育良好，形成厚达 5cm 左右的毡状地被。

1）高山柳灌丛

高山柳灌丛分布广泛，是高寒山地主要灌木林类型之一。喜生于海拔 3 600 ~4 500m，山地乔木林线以上的阴坡和半阴坡，上接高寒草甸，下与杜鹃、鬼箭锦鸡儿等灌木林镶嵌分布。林下土壤疏松，持水性好，具有良好的水源涵养作用。本类型结构简单，一般只有灌木和草本等两个层次。在阴湿的条件下，也有苔藓层出现。在灌木层中，以山生柳为优势，通常占 80% 左右。主要混生种类有头花杜鹃、烈香杜鹃、陇蜀杜鹃、百里香杜鹃、箭叶锦鸡儿、高山绣线菊、金露梅以及刺毛忍冬等。层盖度40% ~80%，层平均高度0.8 ~1.2m，最高可达2m，均匀分布，生长良好。

草本层以黑褐苔草、线叶嵩草、珠芽蓼为优势，小大黄、山地虎耳草、紫花碎米荠、甘青报春(*Primulatangutica*)、双叉细柄茅、早熟禾等亦有较多的分布。层盖度一般为50% ~70%。

苔藓层仅在阴湿的林分中出现，呈片状分布，层盖度在10% ~15%之间，平均厚度3 ~5cm。

2)沙棘灌丛

沙棘灌丛多见于河漫滩、洪积扇、山麓和阶地。分布于海拔2 900 ~4 000m之间，尤其在温凉湿润或半湿润气候条件下生长最好，形成中密度林分，通常有灌木和草本两个层次。

在灌木层中，以沙棘占优势。主要伴生灌木是：在河滩地常以筐柳、水柏枝、小檗等为主；而在山地则以甘青锦鸡儿、红花忍冬、小叶金露梅(*Potentilla Porvifolia*)等为主。层盖度多在50% ~60%，最密可达90%以上。层平均高度2 ~3m，最高可达5m以上。以藏沙棘为优势的林分，因分布在高寒山体上部，多有山生柳伴生，层高度多在30cm以下。

草本层主要有獐牙菜(*Swertia erythrosticata*)、瓣蕊唐松草、苦乔(*Fagopyrum tataricum*)、乳白香青、矮嵩草、青滇火绒草(*Leonutopdium souliei*)、珠芽蓼、草玉梅(*Anemone rivularis*)以及草地早熟禾等。

3)金露梅灌丛

金露梅灌丛在广大高山地带均有分布，多生于海拔3 200 ~4 500m甚至更高的半阴坡、阴坡、半阳坡、山麓和宽谷平缓地段，半阳坡上也有少量分布，但生长较差。在温凉湿润气候条件下，形成中密度林分，通常有灌木层和草本层两个层次，是灌木林资源面积较大的类型之一。

在灌木层中，以金露梅或小叶金露梅为优势。主要伴生灌木有山生柳、毛枝山居柳、高山绣线菊、窄叶鲜卑花、鬼箭锦鸡儿、藏忍冬和红花忍冬等。盖度40% ~60%，最大不超过80%；层平均高度为25 ~60cm，最高可达100cm，并随海拔的上升，植株高度趋于矮化。

草本层发育良好，多属高山草甸成分。主要有矮嵩草、线叶嵩草、苔草、圆穗蓼、珠芽蓼、紫羊茅、双叉细柄茅、藏异燕麦、美丽风毛菊、祁连苔草、甘肃苔草、鹅绒委陵菜、矮火绒草、垂穗披碱草、大花韭(*Allium macranthum*)、高山唐松草等。覆盖度50%～70%,最高可达90%。由于本类型分布幅度大,种类组成依环境条件的不同而互见消长。

苔藓层甚不发育,即使在阴湿的地段也仅有团状分布,最大层盖度在30%左右。

4)鬼箭锦鸡儿灌丛

鬼箭锦鸡儿(*Caragana jubata*)灌丛是高山地区形成小块状、分布广的高寒落叶阔叶灌丛。鬼箭锦鸡儿多分布于海拔3 500～4 000m高寒山体上部,阳坡、半阳坡,坡度20°～40°,土壤为山地淋溶草甸草原土。灌木层盖度60%,较稀疏,以鬼箭锦鸡儿占较大优势,其盖度达30%,团状分布,高度一般为80cm;其他灌木有高山绣线菊、小叶金露梅和川滇绣线菊等,都呈团状分布,高50～100cm。草本植物繁茂,盖度达90%,高50cm左右,以禾本科植物占优势,分布均匀或呈团状,主要种类有穗三毛草、羊茅、珠芽蓼、滇藏紫菀(*Aster tsarungensis*)、苔草,其他还有全缘绿绒蒿(*Meconopsis integrifolia*)、多刺绿绒蒿(*Meconopsis horridula*)和高山唐松草等。

大面积的情况下,灌丛外貌为均匀状态,其他灌木形成紧密的团状植丛,散布于鬼箭锦鸡儿中,灌丛总盖度25%～60%,高50～70cm,大团块状分布于高山草甸之中。以鬼箭锦鸡儿占优势,其他种类还有西藏忍冬、高山绣线菊、岩生忍冬、窄叶鲜卑木和一种高山匍匐状的柳树,间或还有单株的香柏。鬼箭锦鸡儿一般高70cm,最高达90cm,每公顷达65 600多株。草本层发达,种类丰富,多为中生草甸成分,总盖度85%～99%,均匀分布,植株一般低矮,平均在50cm以下,以禾本科的藏异燕麦和羊茅占绝对优势,其次有珠芽蓼、滇藏紫菀、甘松(*Nardostachys chinensis*)、星状风毛菊(*Saussurea stella*)、高山龙胆,以及多种马先蒿等。

5)窄叶鲜卑花灌丛

窄叶鲜卑花是一种耐寒力强的灌木,常密集丛生。枝条细长,叶在短枝上簇生,在当年生枝上互生,深绿色,入秋后变成暗红色并逐渐凋落以适应严冬季节。根系为浅根性水平根型，平阶潮湿地，根系主要分布于20cm以上的土层中；若在坡地上，土壤比较干燥时，根系则主要分布于30cm的土层中。灌丛地颈较粗大，多头分枝；直根粗壮，分布浅；水平根发达，大多数侧根呈水平型生长或放射状逐渐向下斜伸。鲜卑花根系还具有较强的根蘖繁殖能力，部分侧根伸出土面，萌生新的灌丛。这种天然的无性繁殖能力，使鲜卑花灌丛保持着群丛的稳定性，形成有性与无性繁殖相结合的大面积灌丛。

鲜卑花灌丛为单一成片或与柳、金露梅、绣线菊等高山灌木混合生长。灌丛高通常1~1.5m，总覆盖度在50%左右，河谷阶地较为密集，最大可达90%。灌丛结构简单，分灌木层和草本层。

伴生灌木种类较为稀少，常见有山柳、高山绣线菊、小叶金露梅、红花忍冬、川西锦鸡儿等植物，一些伴生种，常能在灌丛地中形成小片优势。

草本植物种类比较丰富，层片显著，层片高30cm左右，覆盖度80%~95%。常见植物有早熟禾、羊茅、苔草、火绒草（*Leontopodium franchetii*）、龙胆、椭圆叶花锚、细叶亚菊（*Ajania tenuifolia*）、风毛菊、珠芽蓼、獐芽菜、野葱等。

3.6.3.3 草甸

草甸植被是研究区的主要植被类型，广泛分布于研究区的山地、沟谷、林下等地，总面积为6 789.34km^2，占研究区总面积的77.6%，其中高山草甸面积为6 598.72km^2，亚高山草甸面积为190.62km^2。高山草甸类型主要有嵩草高寒草甸和杂类草高寒草甸，亚高山草甸类型主要有嵩草沼泽化草甸。

1）嵩草高寒草甸

嵩草高寒草甸是丘状高原区最主要的类型，分布在海拔3 500~4 800m的高山地带，有时沿山脊向下延伸至亚高山草甸。在植被垂直分布带上，位于流石滩植被以下、亚高山草甸以上，与高寒灌丛草甸相间分布。面积为5 698.41km^2，占区内草甸面积的83.9%。

植被由密丛型嵩草，莲座状；垫状杂类草，密丛型、疏丛型禾草等组成。分层不明显，具有植株矮小、密被绒毛、根茎发达等特点，产草量较低，每公顷产鲜草在 3 375kg 以下，在重量组成中，一般杂类草占 40% ~60%，莎草占 15% ~30%，禾草仅占 5% ~15%，豆科牧草少，以黄芪属为主，有的地区可占到 3% ~5%，并有一定的有毒有害植物。不同组型的草地产草量及各类牧草的质量组成情况各不相同。

(1)小嵩草草甸分布较广，多见于阳坡、山顶、高海拔(4 000 ~ 4 500m)的滩地。该草场组牧草种类丰富，优势种为小嵩草。植株矮小，一般高 2 ~3cm，盖度 50% ~70%。由于植被低矮，产草量较低，每公顷产鲜草 3 000kg。

伴生种有矮嵩草、甘肃嵩草、线叶嵩草、异针茅、早熟禾、细柄茅、委陵菜、珠芽蓼、头花蓼、火绒草、香青、美丽风毛菊、黄芪、马先蒿、兰石草、镰形棘豆、甘肃棘豆、狼毒、高山唐松草、大戟等。

(2)四川嵩草草甸主要分布于高山及亚高山带海拔 3 600 ~ 4 300m之间的林缘和林间空地，受西南季风的影响，气候比较温暖湿润，植物生长茂密，群落覆盖度 90% 左右，层次分化不明显。在绿色草丛中，杂有各种颜色的花朵，季相比较华丽。四川嵩草株高 30 ~50cm，盖度 40%，每公顷产鲜草 4 000kg。在亚高山林带的边缘，伴生的多为高山草甸植物，其中主要的有珠芽蓼、独一味、高山唐松草等，它们的盖度分别为 5% ~10%。而在林间空地，因气候比较温暖，伴生植物为林下植物，以杂草及禾草为主，其中有蒲公英叶风毛菊、小金莲花、三毛草和短柄剪股颖(*Agrostis brevipes*)等，植株生长较高，盖度一般较小。

(3)禾叶嵩草(*Kobresia graminifolia*)草甸分布于高山流石坡以下海拔 3 800 ~4 500m 的山顶及垭口。优势种为湿中生短根茎地下芽植物禾叶嵩草和甘肃嵩草，呈密丛型丘状分布。禾叶嵩草一般高 10 ~ 15cm，盖度 30% ~65%；甘肃嵩草一般高 25 ~32cm，投影盖度 15% ~ 30%。

主要伴生植物有头花蓼、早熟禾、羊茅、野青茅、发草、黑褐苔草、委陵菜、黄芪、乳白香青、红花绿绒蒿等牧草和马先蒿、虎耳草、龙胆、大戟、高山唐松草等不含杂毒草。每公顷产鲜草约 5 250kg。

(4)矮嵩草草甸植被低矮，种类少，产量较低，层次分化不明显。分布于海拔 4 000 ~4 600m 的坡麓地带。莎草科植物高度不足 2cm，禾本科植物也仅 2 ~6cm，总盖度 80% ~85%，优势种为中生矮根茎植物矮嵩草，高度 1 ~4cm，盖度 35%；次优势种小嵩草，高 0.5 ~2cm，盖度 35%。

伴生种有羊茅、早熟禾、藏嵩草、美丽风毛菊、矮火绒草、垫状点地梅、乳白香青、异针茅等。平均每公顷产鲜草约 2 250kg。

2）杂类草高寒草甸

杂类草高寒草甸主要分布于过度放牧地带、牛场住地、牧民宿营地及鼠虫害地，从地形地貌、土壤状况及群落结构等方面看，这类草地有适宜生长疏丛禾草的条件，禾草、莎草等优良牧草日渐稀少，杂类草、有毒有害草日益增多，并形成优势。面积为 900.31km^2，占区内草甸面积的 13.3%。

草群外貌五彩斑斓，杂类草种类繁多，多分布于阳坡或半阴坡，在海拔 3 300 ~4 800m 的地带广有分布。因海拔高度、坡向的不同，气候土壤也有较大的差异，总的讲，随着海拔升高，草层高度越低矮（一般 5 ~8cm），产量也越低。植被总盖度 80% ~90%，每平方米常见植物 10 ~20种，建群种为高山嵩草、四川嵩草等，杂类草有委陵菜、淡黄香青、珠芽蓼、园穗蓼，黄总花、龙胆、火绒草等；禾草有羊茅、早熟禾、披碱草等，豆科牧草有黄芪、米口袋、棘豆等；有毒有害植物有黄帚橐吾、乌头、狼毒、马先蒿等。草层低矮，分层不明显。

海拔稍低处常以珠芽蓼、圆穗蓼、黄总花、无尾果等分别或共同组成优势种，海拔稍高，在 4 000m 以上地区，又常以委陵菜、乳白香青等分别组成优势种，盖度 40% ~50%，草层高 5 ~10cm，其他伴生杂类草有银莲花、高山唐松草、火绒草、早玉梅、高山紫菀、星状风毛菊等，禾草有羊茅、异针茅、茫草、早熟禾、细柄草等，盖度 20% 左右，草层高 15 ~25cm，为草甸最上层；莎草植物有四川嵩草、高山嵩草等，盖度 20%，草层高 8 ~10cm；豆科有异叶米口袋、黄芪、棘豆等；有毒有害植物有高原毛茛、马先蒿、狼毒。每公顷产鲜草 3 000 ~3 500kg。

3）嵩草沼泽化草甸

区内嵩草沼泽化草甸分布面积较小，总面积为 187.72km^2，占区内草甸面积的 2.76%。主要分布在干流和支流的宽谷底部、河流阶地，组成群落的植物种类较多,层次分化明显,可分为三层:第一层高 15 ~ 30cm,以藏嵩草为优势,伴生种有木里苔草(*Carex muliensis*)和多舌飞蓬(*Erigeron multiradiatus*);第二层高 13 ~ 15cm,为各种杂类草,有羊茅、小金莲花、小蓼、高山唐松草、矮地榆(*Sanguisorba filiformis*)、猪芽蓼等;第三层是苔藓植物真藓(*Bryum*),盖度小,约 15%。沼泽化草甸草层生长茂密,盖度达 60% ~ 90%,植物叶层厚,产草量高,平均每公顷产干草量在 1 500kg 左右。

3.6.3.4 沼泽

研究区内有小面积沼泽分布,主要分布于高寒河谷地带和高山寒冷潮湿地区,面积约为 38.13km^2,占研究区土地总面积的 0.4%。

(1)莎草沼泽。区域内分布的沼泽以莎草沼泽类型为主,主要分布于高海拔(一般在 3 800m 以上)的丘状高原区。但它又不局限于一定的垂直带内,而是与水分条件和平坦低洼的地形有关,属于一种非地带性的草地。过多的水分汇集于低洼的地表上,形成常年性积水,湿生、中生或水生植物得以生长发育并形成优势种,植物残体或根茎在水淹条件下逐渐成为泥炭,地面植被成为典型的沼泽草地。一般多位于湖泊周围的边缘地带,或处于宽谷低洼地带,处于泉水发源地,水流终年不断,在阿坝、色达、班玛等纬度偏北地带,海拔高,气候寒冷,在80 ~ 100cm 以下为永冻层,自然降水难以下渗而积于地面,都可形成沼泽。

莎草沼泽是由耐寒、中生、多年生植物组成或混有湿生多年生草本植物类型,组成该类型的植物种类比较丰富,以密丛短根茎嵩草占绝对优势,主要组成植物有木里苔草、藏嵩草、灯心草、黑花苔草、嵩草、水麦冬、花葶驴蹄草、潴草、早熟禾飞草麻黄等,多为湿中生或水生植被,群落色彩较单调,季相变化不明显。草种简单,层次分化也不明显。一般以藏嵩草为优势种。随着地形的起伏和土壤水分的多寡,植被群落也有明显差异,在地形稍凸起的沼泽边缘地带,矮嵩草数量有所增加,可成为优势种,在阴坡河谷地形较缓,水流浸润的地段,又会形成茂密的苔草群丛,成为优势种。

(2)以木里苔草和藏嵩草为优势种的沼泽,多生于河漫滩、山麓潜水溢出带和地下水位较高的开阔滩地，分布常与特定的地形和水文条件相联系。一般分布于海拔 3 500m 以下的河畔、湖滨、排水不畅的滩地、山间盆地等，这些地段因海拔较高，气候严寒，地下发育着多年冻土，形成隔水层，使降水、径流和冰雪消融水不能迅速下渗而聚积于地表。植物群落单调，外貌呈暗绿色，植物生长茂密。优势种植物为湿中生短根茎浅地下芽植物藏北嵩草，一般高 15 ~ 25cm，盖度 50% ~ 70%。

常见的伴生种有：圆囊苔草、波伐早熟禾、发草、圆穗蓼、矮垂头菊、车前子、平叶垂头菊、条叶垂头菊（*Cremanthodium lineare*）、星状风毛菊、三尖水葫芦苗（*Halerpestes tricuspis*）、矮泽芹、川西獐牙菜（*Swertia nmssotii*）、矮嵩草、华扁穗草、珠芽蓼、细叶蓼、海韭菜（*Triglochin maritimum*）、蓝白龙胆、高山唐松草、粗喙苔草、水冬麦、羊茅、山地虎耳草、淡黄香青、长花野青茅、青藏苔草、黑褐苔草（*Carex atrofusca*）、小金莲花、甘青报春、展毛银莲花、矮地榆（*Sanguisorba filiformis*）等，覆盖度 80% ~ 90%。

3.6.3.5　高山流石坡稀疏植被

高山流石坡稀疏植被是高山垂直带谱中分布海拔最高的一个类型，是介于植被带与永久冰雪带之间的稀疏植被，是在高山冰缘环境下形成的特殊植被类型，以适冰雪植物为优势或常见植物种类所组成的植物群落，其上为冰雪或裸岩，其下接高寒草甸带。区内分布的高山流石坡稀疏植被总面积为 327.54km^2，约占研究区土地总面积的 3.7%。其生境特点多为高山碎石堆形成的冰缘环境，以水母雪莲和高山红景天所形成的植被类型最为典型。

该植物群落很稀疏，结构简单，种类不多。常见的伴生种有甘肃雪灵芝、青藏雪灵芝、沙生风毛菊、垫状点地梅、唐古特红景天、暗绿紫堇、总状绿绒蒿、矮垂头菊、肾叶垂头菊（*Cremamhodium reniforme*）、鸟足毛茛、高山葶苈（*Draba lapina*）、短穗兔耳草、网脉大黄（*Rheu reticulatum*）、西藏扭连钱（*Phyllophyton tibeticum*）、红紫桂竹香（*Cheiranthus roseus*）、桂竹香（*Cheiranthus cheiri*）、无瓣女娄菜（*Melandrium apetalum*）、合头菊（*Syncalathium porphyreum*）、山地虎耳草、圆丛红景天（*Rbodiola juparenesis*)、西藏棱子芹(*Pleurospermum hookeri*)、爪瓣虎耳草、宽果丛菔(*Solms - Laubachia eurycarpa*)、六叶龙胆(*Gentiana hexaphylla*)、乌奴龙胆(*Gentiana umula*)、冷龙胆(*Gentiana algida*)、矮金莲花(*Trollius farreri*)和粗糙紫堇(*Corydalis scaberula*)等,覆盖度5% ~20%。

3.6.4 珍稀保护植物种类及其分布

研究区内分布属我国珍稀保护植物的有10种(见表3-8),即毛茛科(*Ranunculaceae*)的星叶草(*Circaeaster agrestis*)、独叶草(*Kingdonia uniflora*),麦角菌科的虫草(*cordeps sinensis*),松科的长苞冷杉(*Abies georgei*)、白皮云杉(*Picea aurantiaca*)、麦吊云杉(*Picea brachytyla*)、油麦吊云杉(*Picea brachytyla*)、紫果云杉,胡颓子科的中国沙棘(*Hippophae yhamnoides*),蔷薇科的光核桃(*Prunus mira*)。

表3-8 研究区分布的珍稀濒危植物

种类	性状	科名	保护级别		保护级别		数据来源	
							文献获取	实地踏勘
虫草 *cordeps sinensis*	草本	麦角菌				Ⅱ		石渠新荣
长苞冷杉 *Abies georgei*	乔木	松科		3			√	
白皮云杉 *Picea aurantiaca*	乔木	松科	2				√	
麦吊云杉 *Picea brachytyla*	乔木	松科		3			√	
紫果云杉 *Picea purparea*	乔木	松科				Ⅱ		扎科雅砻江河谷

续表 3-8

种类	性状	科名	保护级别		保护级别		数据来源	
							文献获取	实地踏勘
油麦吊云杉 *Picea brachytyla*	乔木	松科				Ⅱ	√	
星叶草 *Circaeaster agrestis*	草本	毛茛科	2					扎科雅砻江河谷
独叶草 *Kingdonia uniflora*	草本	毛茛科	2		Ⅰ			扎科雅砻江河谷
光核桃 *Prunus mira*	乔木	蔷薇科				Ⅱ	√	
中国沙棘 *Hippophae yhamnoides*	灌、乔	胡颓子				Ⅱ	√	

说明：(1)保护级别中1、2、3：引自国家环境保护总局、中国科学院植物研究所编著《中国珍稀濒危保护植物名录》，科学出版社(北京)，1987。

(2)保护级别中Ⅰ、Ⅱ：引自国家林业、农业部颁布的《国家重点保护野生植物名录》(第一批、第二批)，1999，2001。

光核桃主要分布在研究区海拔 2 600 ~ 3 000m 的河谷或山坡灌丛中；中国沙棘见于研究区内海拔 2 500 ~ 3 800m 的沟谷地带；虫草广泛分布在区内海拔 4 000m 以上的高山草甸中；独叶草、星叶草在区内广泛分布，常见于境内海拔 3 100 ~ 4 500m 的森林、灌丛下潮湿、荫蔽的生境，以及海拔在 4 000 ~ 4 600m 的沼泽湿地和石崖下的潮湿处；长苞冷杉在区内主要见于海拔 3 400 ~ 4 200m 的阴坡、半阴坡处；麦吊云杉和油麦吊云杉在河谷的阴坡、半阴坡海拔 2 500 ~ 3 000m 与桦木、冷杉、铁杉等树种组成混交林，偶见纯林地；白皮云杉在区内主要分布于东南部河谷海拔 2 600 ~ 3 600m 的阴坡、半阴坡，在区域不多见，常零星分布于其他林中；紫果云杉在林区海拔 2 600 ~ 3 800m 的阴坡、半阴坡处均有零星分布，通常散生于针、阔混交林中（见附图 11）。

3.7 研究区野生动物现状

南水北调西线工程区位于青藏高原向四川盆地过渡的东南边缘地带，区域地貌条件复杂，高原平坦的地表面被众多河流切割，形成起伏高差大的地势，平均海拔在 3 500m 以上，具有独特的生物区系和植被类型，生存栖息有许多青藏高原特有种动物，以及属于国家Ⅰ级和Ⅱ级保护物种的珍稀濒危野生动物。除采集部分鼠类标本外，本项研究野外调查中鸟、兽类调查未能采集标本，种类确定依据考察人员的识别能力，结合现场对照工具书图谱进行，因而仅能鉴定到野生动物种名，仅有个别亚种分布区域可以依据文献资料推测确定。采用机动车样线、步行样线、随机样点相结合的观察方式，机动车样线只要能见度许可的情况下在行车中随时进行，观察主要针对大中型鸟类、兽类。观察的样线、样点均用 GPS 定位记录坐标点。为了在观察辨认动物时提高工作效率，动物调查组配置了解像力很好的高清晰度望远镜。根据研究区野外调研工作，结合以往的文献资料，将研究区内野生动物现状及其评价阐述如下。

3.7.1 野生动物区系及种类组成

研究区是青藏高原的一部分，在动物区划上属古北界青藏区。地貌为缓起伏的高原和丘原，平均海拔在 4 000m 左右，高峰达 5 000m 以上。气候干寒严酷，植被组成简单，食料也稀少。动物区系的组成也较简单，主要由高寒草甸、灌丛动物群中，一些适应于高寒高原严酷条件的奔驰性和穴栖性的动物所组成。根据区域差异，境内可分为川西北高原和川西山原两个地带（四川资源动物志）。

（1）川西北高原地带：本地带东起自若尔盖和红原黄河水系的白河流域，经壤塘、色达、邓柯一线以北，位于川西山原以北，地势高亢，为典型丘状高原，平均海拔 4 000m 左右，河谷开阔平坦。气候恶劣，严寒期近半年，多冰雹和大风，霜雪全年可见。植被以草甸、灌丛为主，局部有流石滩、沼泽植物群落和高山针叶林。动物区系组成简单，但具有一定数量和质量的中小型资源动物。

（2）川西山原地带：位于川西北高原之南，地貌以波状起伏的丘原为主，其次为高山与极高山。日照强烈，干、湿季节分明，降水较少，气候垂直差异大，植被主要为高山针叶林和高山灌丛、草甸，海拔 4 600m 以上多为流石滩植被。动物资源组成较川西北高原地带复杂和丰富。

下面按鸟类、兽类和两栖爬行类分别阐述各类的区系与种类组成。

3.7.1.1 鸟类区系及种类组成

研究区域分布有鸟类 14 目、31 科、132 种（见表 3-9），按照动物地理区系划分，有古北界 91 种、东洋界 10 种、广布两界 31 种，分别占总种数比例的 68.9%、7.6%、23.5%。以古北界种类占有优势，其次为广布种，而东洋界种类占有比例很小。其中，留鸟 74 种，夏候鸟 37 种，繁殖鸟 9 种，冬候鸟 2 种，旅鸟 10 种。可见，区域内鸟类以留鸟和夏候繁殖鸟为主，冬候鸟仅占很小比例。

关于鸟类的居留型和繁殖型类群，主要是依据实地观察和文献资料，尚待于今后考察工作的进一步确证。

3.7.1.2 兽类区系及种类组成

研究区域兽类共分布有 5 目、13 科、36 种（四川资源动物志）。各界的大致情况为：古北界 22 种，61.1%；东洋界 11 种，30.6%；广布种 3 种，8.3%。其中以古北界比例最大，其次为东洋界（见表 3-10）。

3.7.1.3 两栖爬行类

根据野外调查和有关文献（李迪强等），有两栖类 1 目、2 科、3 种，爬行类 1 目、3 科、6 种。研究区域两栖爬行类种类见表 3-11。

3.7.2　研究区分布的濒危珍稀保护动物

南水北调西线雅砻江热巴水库工程区域山高林深，森林类型多样，灌丛、草甸种类丰富，面积广阔，在林地和草地内分布着丰富的动物资源，区内有 177 种野生动物，其中鸟类 132 种，兽类 36 种，两栖、爬行类 9 种。

通过野外调查结合以往发表的有关文献资料记录的野生动物种类加以整理分析，工程研究区域分布有野生动物约 177 种。区内有珍稀保护动物约 44 种（见表 3-12），其中国家Ⅰ级保护动物有 7 种，国家Ⅱ级保护动物有 37 种。研究区域内分布有 30 种不同等级的濒危物种（见表 3-13），空间分布见附图 12。

研究区域中共分布有兽类 13 科 36 种，其中国家保护种类 16 种，属于国家Ⅰ级保护种类仅有白唇鹿 1 种，占兽类种数的 2.8%；属于国家Ⅱ级保护种类有猕猴、豺、黑熊、石貂、水獭、荒漠猫、兔狲、猞猁、林麝、马麝、水鹿、鬣羚、斑羚、岩羊等 15 种，占兽类种数的 41.7%；属于国家Ⅰ级和Ⅱ级保护动物的兽类占兽类种数的 44.4%；其中食肉目 8 种，偶蹄目 7 种，灵长目 1 种。食肉目和偶蹄目占据了主要成分，最少的是灵长目，只有 1 种（见表 3-12）。中国特有种有猕猴、狼、豺、藏狐、黑熊、小熊猫、石貂、水獭、狗獾、荒漠猫、兔狲、林麝、马麝、白唇鹿、岩羊、喜马拉雅旱獭等 15 种，占兽类种数的 41.7%。其中食肉目 9 种，偶蹄目 4 种，灵长目和啮齿目各 1 种（见表 3-12）。

研究区域鸟类中属于国家Ⅰ级保护动物有金雕、玉带海雕、胡兀鹫、绿尾虹雉等 6 种；Ⅱ级保护动物有大天鹅、疣鼻天鹅、鸢、雀鹰、大鵟、秃鹫、猎隼、红隼、燕隼、灰鹤等 22 种；属于国家Ⅰ级和Ⅱ级保护动物的鸟类占鸟类总种数的 21.21%；其中雁形目 4 种，鹤形目 1 种，隼形目 15 种，鸡形目 6 种，鸮形目 2 种。隼形目的猛禽占据了主要成分，其次为鸡形目，最少是鹤形目只有 1 种（见表 3-12）。中国特有种有鸡形目雉科的雉鹑、绿尾虹雉，雀形目鸦科的褐背拟地鸡和鹟科的大噪鹛、橙翅噪鹛、高山雀鹛等 5 种，占鸟类种数的 3.8%。其中，雀形目 4 种，鸡形目 1 种（见表 3-12）。

研究区域分布的鸟类，很难在野外看到，其中有些可能是由于区域地形条件复杂、沟壑纵横、水系发育、地域广阔、森林茂密等原因而难以

表 3-9　研究区域鸟类区系*

编号	目	科	种名	保护级别	特有种	居留类型	从属区系	数量等级
1	鹳形目 Ciconiformes	鹭科 Ardeidae	苍鹭 *Ardea cinerea*			留	广	+
2	雁形目 Anseriformes	鸭科 Anatidae	小天鹅 *Cygnus columbianus*	Ⅱ		夏冬	北	+
3			大天鹅 *Cygnus columbianus*	Ⅱ		夏冬	北	+
4			疣鼻天鹅 *Cygnus olor*	Ⅱ		夏	北	+
5			赤麻鸭 *Tadorna ferrugmea*			夏	北	+ +
6			绿翅鸭 *Anser crecca*			旅	北	+
7			绿头鸭 *Anas platyrhynchos*			旅	北	+ +
8			普通秋沙鸭 *Mergus merganser*	Ⅰ		留	广	+
9	隼形目 Falconiformes	鹰科 Accipitridae	鸢 *Milvus korschun linestus*	Ⅱ		留	广	+
10			雀鹰 *Accipiter nisus*	Ⅱ		留	北	+
11			苍鹰 *Accipiter entiles*	Ⅱ		旅	北	+
12			大鵟 *Buteo hemilasius*	Ⅱ		留	北	+
13			普通鵟 *Buteo buteo*	Ⅱ		旅	北	+ +
14			金雕 *Aquila chrysaetos*	Ⅰ		留	北	+
15			草原雕 *Aquila rapax*	Ⅱ		留	北	+
16			玉带海雕 *Haliaeerus leucoryphus*	Ⅰ		繁	北	+
17			秃鹫 *Aegypius monachus*	Ⅱ		留	北	+
18			高山兀鹫 *Gypaetuss himalayensis*	Ⅱ		留	北	+ +
19			胡兀鹫 *Gypaetuss barbatus hemachalanus*	Ⅰ		留	广	+
20			白尾鹞 *Circus cyaneus*	Ⅱ		留	北	+

续表 3-9

编号	目	科	种名	保护级别	特有种	居留类型	从属区系	数量等级
21	隼形目 Falconiformes	隼科 Falconidae	猎隼 *Falco cherrug*	Ⅱ		夏旅	北	+
22			红隼 *Falco tinnunculus*	Ⅱ		留	广	+
23			燕隼 *Falco subbuteo*	Ⅱ		留	广	+
24	鸡形目 Galliformes	雉科 Phasianidae	雉鹑 *Tetraophasis obscurus*	Ⅰ	√	留	北	+ +
25			藏雪鸡 *Tetraogallus tibetanus*	Ⅱ		留	北	+ +
26			血雉 *Ithaginis cruentus*	Ⅱ		留	北	+
27			绿尾虹雉 *Lophophorus lhuysii*	Ⅰ	√	留	北	+
28			勺鸡 *Pucrasia macrolopha*	Ⅱ		留	北	+
29			藏马鸡 *Crossoptilon crossoptilon*	Ⅱ		留	北	+ +
30			雉鸡 *Phasianus colchicus*			留	北	+ +
31	鹤形目 Gruiformes	鹤科 Gruidae	灰鹤 *Grus grus lilfordi sharpe*	Ⅱ		留	北	+
32	鸻形目 Charadriiformes	鸻科 Charadriidae	金斑鸻 *Pluvialis fulva*			夏	北	+
33			环颈鸻 *Charadrius alexandrinus*			夏	广	+
34		反嘴鹬科 *Recurvirostridae*	鹮嘴鹬 *Ibidorhynchastruthersii*			留	北	+
35		鹬科 Scolopacidae	白腰草鹬 *Tringa ochropus*			旅	北	+
36			红脚鹬 *Tringa lotanus*			繁	北	+
37			林鹬 *Tringa glareola*			旅	北	+
38			矶鹬 *Tringa hypoleucos*			繁	北	+
39			孤沙锥 *Gallinago solitaria*			夏	北	+
40	鸽形目 Columbiformes	鸠鸽科 Columbidae	雪鸽 *Columbia leuconota*			留	北	+
41			岩鸽 *Columbia rupestris*			留	北	+ +

续表 3-9

编号	目	科	种名	保护级别	特有种	居留类型	从属区系	数量等级
42	鸽形目 Columbiformes	鸠鸽科 Columbidae	山斑鸠 *Streptopelia orientalis*			留	广	+ +
43			灰斑鸠 *Streptopelia decaocto*			留	广	+
44			火斑鸠 *Oenopopelia tranquebarica*			夏	广	+
45		沙鸡科 Pteroclidae	西藏毛腿沙鸡 *Syrrhaptes tibetanus*			留	北	+
46	鸥形目 Lariformes	鸥科 Laridae	棕头鸥 *Larus brunnicephalus*			夏	北	+
47			普通燕鸥 *Sterna hirundo*			夏	北	+
48	鹃形目 Cuculiformes	杜鹃科 Cuculidae	大杜鹃 *Cuculus canorus*			夏	广	+
49	鸮形目 Strigiformes	鸱鸮科 Tytonidae	雕鸮 *Bubo bubo*	Ⅱ		夏	北	+
50			纵纹腹小鸮 *Athene noctua*	Ⅱ		留	北	+
51	雨燕目 Apodiformes	雨燕科 Apodidae	白腰雨燕 *Apus pacificus*			夏	广	+ +
52	佛法僧目 Coraciiformes	戴胜科 Upupidae	戴胜 *Upupaepops*			夏	广	+ +
53	䴕形目 Piciformes	啄木鸟科 Picidae	蚁䴕 *Jynx torquilla*			夏	北	+
54			大斑啄木鸟 *Picoides major*			留	北	+
55			黑啄木鸟 *Dryocopus martius*			留	北	+
56			三趾啄木鸟 *Picoides tridactylus*			留	北	+
57			黄颈啄木鸟 *Picoides darjellensis*			留	广	+
58			棕腹啄木鸟 *Picoides hyperythrus*			留	广	+
59	雀形目 Passeriformes	百灵科 Alaudidae	长嘴百灵 *Melanocorypha maxima*			夏	广	+
60			小云雀 *Alauda gulgula*			留	广	+ + +

续表 3-9

编号	目	科	种名	保护级别	特有种	居留类型	从属区系	数量等级
61	雀形目 Passeriformes	百灵科 Alaudidae	角百灵 *Eremophila alpestris*			留	北	+ + +
62		燕科 Hirundinidae	岩燕 *Ptyonoprogne rupestris*			夏	北	+
63			烟腹毛脚燕 *Delichon dasypus*			夏	广	+
64		鹡鸰科 Motacillidae	黄头鹡鸰 *Motacilla citreola*			夏	东	+ +
65			灰鹡鸰 *Motacilla cinerea*			繁	广	+ + +
66			白鹡鸰 *Motacilla alba*			夏	广	+ + +
67			树鹨 *Anthus hodgsoni*			夏	北	+
68			粉红胸鹨 *Anthus roseatus*			夏	北	+
69		伯劳科 Laniidae	灰背伯劳 *Lanius tephronotu*			夏	北	+
70			楔尾伯劳 *Lanius sphenocercu*			夏	北	+
71		鸦科 Corvidae	黑头噪鸦 *Perisoreus internigrans*			留	北	+
72			喜鹊 *Pica pica bottanensis*			留	北	+ +
73			褐背拟地鸦 *Pseudopodoces humillis*		√	留	北	+ +
74			红嘴山鸦 *Pyrrhocorax pyrrhocorax*			留	北	+ + +
75			黄嘴山鸦 *Pyrrhocorax graculus*			留	北	+ +
76			寒鸦 *Corvus monedula*			留	北	+ + +
77			大嘴乌鸦 *Corvus macrorhynchus*			留	广	+
78			小嘴乌鸦 *Corvus corone*			留	北	+
79		河乌科 Cinclidae	河乌 *Cinclus cinclus*			留	北	+
80			褐河乌 *Cinclus pallasii*			繁	广	+
81		鹪鹩科 Troglodytidae	鹪鹩 *Troglodytes troglodytes szetschuanus*			繁	广	+

续表 3-9

编号	目	科	种名	保护级别	特有种	居留类型	从属区系	数量等级
82	雀形目 Passeriformes	岩鹨科 Prunellidae	领岩鹨 *Prunella collaris*			留	北	+
83			鸲岩鹨 *Prunella rubeculoides*			留	北	+
84			棕胸岩鹨 *Prunella strophiata*			留	北	+
85			褐岩鹨 *Prunella fulvescens*			留	北	+
86			栗背岩鹨 *Prunella immaculata*			夏	广	+
87		鹟科 Muscicapidae	红胁蓝尾鸲 *Tarsiger cyanurus*			夏	广	+
88			赭红尾鸲 *Phoenicurus ochruros*			夏	北	+ +
89			黑喉红尾鸲 *Phoenicurus hodgsoni*			夏	北	+ +
90			蓝额红尾鸲 *Phoenicurus frontalis*			夏	北	+
91			白喉红尾鸲 *Phoenicurus schisticeps*			留	北	+
92			蓝大翅鸲 *Grandala coelicolor*			旅	北	+
93			白顶溪鸲 *Chaimarrornis leucocephalus*			夏	北	+ +
94			蓝矶鸫 *Monticola solitarius*			留	广	+
95			紫啸鸫 *Myiophoneus caeruleus*			繁	广	+
96			虎斑地鸫 *Zoothera dauma*			旅	广	+
97			棕背黑头鸫 *Turdus kessleri*			留	北	+ +
98			褐头雀鹛 *Alcippe cinereiceps*			留	北	+
99			矛纹草鹛 *Babax lanceolatus*			留	东	+
100			斑胸钩嘴鹛 *Pomatorhinus erythrocnemis*			夏	北	+
101			白领凤鹛 *Yuhina diademata*			留	北	+
102			大噪鹛 *Garrulax maximus*		√	留	东	+
103			橙翅噪鹛 *Garrulax ellioti*		√	留	东	+

续表 3-9

编号	目	科	种名	保护级别	特有种	居留类型	从属区系	数量等级
104	雀形目 Passeriformes	鹟科 Muscicapidae	高山雀鹛 *Alcippe striaticollis*		√	留	东	+
105			黄腹柳莺 *Phylloscopus affinis*			夏	北	+ +
106			褐柳莺 *Phylloscopus fuscatus*			夏	北	+ +
107			中华短翅莺 *Bradypterus tacsanowskius*			夏	北	+
108			橙斑翅柳莺 *Phylloscopus pulcher*			夏	北	+
109			黄眉柳莺 *Phylloscopus inornatus*			夏	北	+
110			淡黄腰柳莺 *Phylloscopus chloronotus*			夏	北	+ +
111			灰喉柳莺 *Phylloscopus maculipennis*			繁	东	+
112			戴菊 *Regulus regulus*			夏	北	+
113			乌嘴柳莺 *Phylloscopus magnirostris*			留	北	+
114			凤头雀莺 *Lophobasileus elegans*			留	北	+
115			锈胸蓝姬鹟 *Ficedula hodgsonii*			旅	东	+
116			乌鹟 *Muscicapa sibirica*			繁	北	+
117		山雀科 Paridae	大山雀 *Parus major*			留	广	+ +
118			黑冠山雀 *Parus rubidiventris*			留	东	+
119			褐冠山雀 *Parus dichrous*			留	东	+
120			沼泽山雀 *Parus palustris*			留	北	+
121		䴓科 Sittidae	普通䴓 *Sitta europaea*			留	东	+
122		旋木雀科 Certhiidae	高山旋木雀 *Certhia himalayana*			留	北	+

续表 3-9

编号	目	科	种名	保护级别	特有种	居留类型	从属区系	数量等级
123	雀形目 Passeriformes	文鸟科 Ploceidae	树麻雀 *Passer montanus*			留	广	+ + +
124			山麻雀 *Passer rutilans*			留	广	+ +
125			棕颈雪雀 *Montifringilla ruficollis*			留	北	+
126		雀科 Fringillidae	黄嘴朱顶雀 *Carduelis flavirostris*			留	北	+
127			暗胸朱雀 *Carpodacus nipalensis*			留	北	+
128			红胸朱雀 *Carpodacus puniceus*			留	北	+
129			曙红朱雀 *Carpodacus eos*			留	北	+
130			白眉朱雀 *Carpodacus thura*			留	北	+
131			普通朱雀 *Carpodacus erythrirus*			夏	北	+
132			戈氏岩鹀 *Emberiza godlewskii*			留	北	+

注:留—留鸟;冬—冬候鸟;夏—夏候鸟;旅—旅鸟;繁—繁殖鸟。

东—东洋界;北—古北界;广—广布种。

+出现;+ +较多;+ + +优势种。

表 3-10　研究区域兽类区系

编号	目	科	名称	保护级别	所属区系及地理分布	数量等级
1	灵长目 Primates	猴科 Cercopithecida	猕猴 *Macaca mulatta*	Ⅱ	广布种	+
2	食肉目 Carnivora	犬科 Canidae	狼 *Cuon lupus*		广布种	+
3			豺 *Cuon alpinus*	Ⅱ	东洋界	+
4			赤狐 *Vulpes vulpes*		东洋界	+
5			藏狐 *Vulpes ferrilata*		古北界	+
6		熊科 Ursidae	黑熊 *Ursus thibetanus*	Ⅱ	东洋界	+
7			棕熊 *Ursus arctos pruinosus*		古北界	+
8		鼬科 Mustelidae	石貂 *Martes foina*	Ⅱ	古北界	+
9			黄喉貂 *Martes flavigula*	Ⅱ	古北界	+
10			水獭 *Lutra lutra*	Ⅱ	广布种	+
11			狗獾 *Meles meles*		古北界	+
12			黄鼬 *Mustela sibirica*		古北界	+ +
13		猫科 Felidae	荒漠猫 *Felis bieti*	Ⅱ	古北界	+
14			豹猫 *Felis bengalensis*		东洋界	+
15			兔狲 *Felis manul*	Ⅱ	古北界	+
16			猞猁 *Lynx lynx*	Ⅱ	古北界	+

续表 3-10

编号	目	科	名称	保护级别	所属区系及地理分布	数量等级
17	偶蹄目 Artiodactyla	麝科 Moschidae	林麝 *Moschus berezovskii*	Ⅱ	东洋界	+
18			马麝 *Moschus sifanicus*	Ⅱ	古北界	+
19		鹿科 Cervidae	白唇鹿 *Cervus albirostris*	Ⅰ	东洋界	+
20			水鹿 *Cervus unicolor*	Ⅱ	东洋界	+
21			狍 *Capreolus capreolus*		古北界	+
22			白臀鹿 *Cervus elaphusmacneilli*		东洋界	+
23			四川梅花鹿 *Cervus nippon*		东洋界	+
24		牛科 Bovidae	鬣羚 *Capricornis sumatraensis*	Ⅱ	东洋界	+
25			斑羚 *Nemorhedus goral*	Ⅱ	古北界	+
26			岩羊 *Pseudois nayaur*	Ⅱ	古北界	+
27	兔形目 Lagomorpha	兔科 Leporidae	高原兔 *Lepus oiostolus*		古北界	+ + +
28		鼠兔科 Ochotonidae	间颅鼠兔 *Ochotona cancus*		古北界	+ + +
29			川西鼠兔 *Ochotona gloveri*		古北界	+ + +
30			灰鼠兔 *Ochotona roylei*		古北界	+ + +

续表 3-10

编号	目	科	名称	保护级别	所属区系及地理分布	数量等级
31	啮齿目 Rodentia	松鼠科 Sciuridae	喜马拉雅旱獭 *Marmota himalayana*		古北界	+ + +
32		鼠科 Muridae	褐家鼠 *Rattus norvegicus*		古北界	+ +
33			小家鼠 *Mus musculus*		古北界	+ +
34			高山姬鼠 *Apodemus chevrieri*		古北界	+ +
35			川西白腹鼠 *Niviventer excelsior*		东洋界	+
36		鼢鼠科 Myospalacidae	高原鼢鼠 *Myosplax baileyi*		古北界	+ + +

注：+出现；+ +较多；+ + +优势种。

表 3-11　研究区域两栖爬行类

纲	目	科	种	数量等级
两栖纲 Amphibia	无尾目 Anura	蛙科 Ranidae	高原林蛙 *Rana kukunoris*	+ +
		蟾蜍科 Bufonidae	中华蟾蜍 *Bufo garffarizans*	+
			岷山蟾蜍 *Bufo minshanicus*	+
爬行纲 Reptilia	有鳞目 Squamata	鬣蜥科 Agamidae	草绿攀蜥 *Japalura flaviceps*	+
		游蛇科 Cohbridae	锈链腹链蛇 *Amphiesma craspedogaster*	+
			枕纹锦蛇 *Elaphe dione*	+
			虎斑颈槽蛇 *Rhabdophis lateralis*	+
		蝰科 Viperidae	高原蝮 *Gloydius strauchii*	+
			菜花原矛头蝮 *Protobothrops jerdonii*	+

注：+ 出现；+ + 较多；+ + + 优势种。

表 3-12　研究区域保护动物和中国特有种

种类	类型	目	科	种
鸟类	Ⅰ级	隼形目 Falconiformes	鹰科 Accipitridae	金雕 *Aquila chrysaetos*
				玉带海雕 *Haliaeerus leucoryphus*
				胡兀鹫 *Gypaetuss barbatus hemachalanus*
		鸡形目 Galliformes	雉科 Phasianidae	绿尾虹雉 *Lophophorus lhuysii*
	Ⅱ级	雁形目 Anseriformes	鸭科 Anatidae	小天鹅 *Cygnus columbianus*
				大天鹅 *C. columbianus*
				疣鼻天鹅 *C. olor*
		隼形目 Falconiformes	鹰科 Accipitridae	鸢 *Milvus korschun linestus*
				雀鹰 *Accipiter nisus*
				苍鹰 *A. gentiles*
				大鵟 *Buteo hemilasius*
				普通鵟 *B. buteo*
				秃鹫 *Aegypius monachus*
				高山兀鹫 *Gypaetuss himalayensis*
			隼科 Falconidae	猎隼 *Falco cherrug*
				红隼 *F. tinnunculus*
				燕隼 *F. subbuteo*
		鸡形目 Galliformes	雉科 Phasianidae	藏雪鸡 *Tetraogallus tibetanus*
				血雉 *Ithaginis cruentus*
				勺鸡 *Pucrasia macrolopha*
				白马鸡 *Crossoptilon crossoptilon*

续表 3-12

种类	类型	目	科	种
鸟类	Ⅱ级	鹤形目 Gruiformes	鹤科 Gruidae	灰鹤 *Grus grus lilfordi sharpe*
		鸮形目 Strigiformes	鸱鸮科 Tytonidae	雕鸮 *Bubo bubo*
				纵纹腹小鸮 *Athene noctua*
	中国特有种	鸡形目 Galliformes	雉科 Phasianidae	绿尾虹雉 *Lophophorus lhuysii*
		雀形目 Passeriformes	鸦科 Corvidae	褐背拟地鸡 *Pseudopodoces humillis*
			鹟科 Muscicapidae	大噪鹛 *Garrulax maximus*
				橙翅噪鹛 *Garrulax ellioti*
				高山雀鹛 *Alcippe striaticollis*
兽类	Ⅰ级	偶蹄目 *Artiodactyla*	鹿科 Cervidae	白唇鹿 *Cervus albirostris*
	Ⅱ级	灵长目 Primates	猴科 Cercopithecida	猕猴 *Macaca mulatta*
		食肉目 Camivora	犬科 Canidae	豺 *Cuon alpinus*
			熊科 Ursidae	黑熊 *Selenarctos thibetanus*
			鼬科 Mustelidae	石貂 *Martes foina*
				水獭 *Lutra lutra*
			猫科 Felidae	荒漠猫 *Felis bieti*
				兔狲 *Felis manul*
				猞猁 *Lynx lynx*
		偶蹄目 Artiodactyla	麝科 Moschidae	林麝 *Moschus berezovskii*
				马麝 *Moschus sifanicus*
				水鹿 *Cervus unicolor*
			鹿科 Cervidae	鬣羚 *Capricornis sumatraensis*
			牛科 Bovidae	斑羚 *Nemorhedus goral*
				岩羊 *Pseudois nayaur*

续表 3-12

种类	类型	目	科	种
兽类	中国特有种	灵长目 Primates	猴科 Cercopithecida	猕猴 *Macaca mulatta*
		食肉目 Carnivora	犬科 Canidae	狼 *Cuon lupus*
				豺 *Cuon alpinus*
				藏狐 *Vulpes ferrilata*
			熊科 Ursidae	黑熊 *Selenarctos thibetanus*
			鼬科 Mustelidae	石貂 *Martes foina*
				水獭 *Lutra lutra*
				狗獾 *Meles meles*
			猫科 Felidae	荒漠猫 *Felis bieti*
				兔狲 *Felis manul*
		偶蹄目 Artiodactyla	麝科 Moschidae	林麝 *Moschus berezovskii*
				马麝 *Moschus sifanicus*
			鹿科 Cervidae	白唇鹿 *Cervus albirostris*
			牛科 Bovidae	岩羊 *Pseudois nayaur*
		啮齿目 Rodentia	松鼠科 Sciuridae	喜马拉雅旱獭 *Marmota hinalayana*

表 3-13 研究区域分布的濒危动物*

濒危等级	物种	数据来源	
		文献获取	实地踏勘
濒危(E)	绿尾虹雉	√	
	马麝	√	
	林麝	√	
	荒漠猫	√	
	白唇鹿	√	
	豺	√	
	豹	√	
稀有(R)	雕鸮	√	
	高山兀鹫		甘孜县西 2km,雅砻江左岸山坡
渐危(V)	玉带海雕		甘孜县东 10km,雅砻江下游
	疣鼻天鹅	√	
	血雉	√	
	小天鹅	√	
	秃鹫	√	
	猎隼	√	
	金雕	√	
	胡兀鹫	√	
	大天鹅	√	
	藏马鸡	√	
	水獭	√	
	水鹿	√	
	石貂	√	
	猞猁	√	
	猕猴	√	
	狼		雅砻江热巴库区附近
	兔狲	√	
	黑熊	√	
	鬣羚	√	
	斑羚	√	
	岩羊	√	

* 引自中国林业科学数据中心。

进行全面调查而不易见到，另外也有一些种类很可能确实是由于栖息地生境状况变化所致。

3.7.3 研究区域常见野生珍稀动物生态类型及生活习性

区内野生动物资源丰富，种类较多、种群数量大。根据近年来有关调查资料和现场调查等，区内经常活动的珍稀、濒危野生动物以哺乳类为主，此外还有一些国家重点保护的鸟类。

根据工程建设的需要，对研究区域进行了调查并统计了常见的主要大中型野生动物的种类和数量。根据野生动物的生活习性，对每一区段分早、晚两个时间段分别进行观察，野生动物的分布与其生境的关系十分密切，不同生态类型的动物分布于各自独特的生境中，研究区域地域辽阔，动物赖以生存的环境复杂多样，特别是山地动物、水域动物、草原动物等，条件尤其优越。根据研究区域的自然环境，依据野生动物栖息地的特征，将其划分为森林动物群、高山草甸动物群、高山流石坡动物群和湿地动物群 4 种不同的生态类型进行分析。

3.7.3.1 森林动物群

本区地形复杂，为外流河流域，河谷切入高原，多南北走向，受南来气流的影响较大。针叶林一般都分布于谷地和山坡的阴面，以云杉、冷杉为主。阳坡为圆柏。针阔混交林和落叶阔叶林以桦、杨为主。高山灌丛生长有杜鹃、高山绣线菊、金露梅、鬼箭锦鸡儿、鲜卑木、山生柳等。高山草甸或草甸草原则以嵩草或针茅蒿属为主。不同的高山植被类型相互交错并随海拔、坡向而变化。

这一动物群的代表动物有白唇鹿、黑熊、水鹿、马麝、林麝、鬣羚、狼、狍、豺、獾、兔、猕猴、黄鼬、水獭等；鸟类有血雉、绿尾虹雉、岩鸽、多种啄木鸟及多种食虫鸟；两栖和爬行类有高原林蛙、枕纹锦蛇、高原蝮等。

白唇鹿，栖息于海拔 3 500 ~ 5 000m 的圆柏疏林、大叶杜鹃林、高山灌丛草甸生境，以禾草、高山柳嫩枝、金露梅嫩枝等为食。鹿茸生长季节雄鹿单独活动，雌鹿带领幼鹿成群活动，茸角骨化后，雄雌幼合群活动，配种时争偶打斗场面壮观。是仅产于我国青藏高原的珍稀特产国家Ⅰ级保护野生动物，在研究区域内有分布。

黑熊，有冬眠习性，能游水和爬树，属杂食性动物，多栖息于海拔

4 000m以下的疏林、灌木林内。是国家Ⅱ级保护野生动物，研究区域内有分布。

猕猴，半树栖性，多在悬崖峭壁结群活动，适应性强、分布广，为重要科研试验动物。属国家Ⅱ级保护野生动物。区内有分布。

黄喉貂，栖息于海拔 3 000m 的森林、疏林、灌木林中，以树洞或石洞为穴，喜食蜂蜜，性凶猛，行动敏捷，常捕食小型兽类和鸟类。属国家Ⅱ级保护野生动物。区内有分布。

林麝，栖息于各类森林中，性胆怯，独居，能爬树，有较固定兽径。发情交配时雌兽追逐雄兽。采食松萝、灌木幼嫩枝叶。属国家Ⅱ级保护野生动物。区内有分布。

水鹿，栖息于海拔 3 800m 以下各类森林、灌木林内，单个活动，交配时成对活动。属国家Ⅱ级保护野生动物。区内有分布。

鬣羚，典型森林动物，独居，栖息于林中干燥的大树下、岩窝下，常见成堆的大量粪便，采食林中菌类、禾草、灌木幼嫩枝叶。属国家Ⅱ级保护动物。区内有分布。

水獭，栖息于海拔 3 200m 以下江河中，昼伏夜出，捕食鱼、蛙、鼠类。属国家Ⅱ级保护水生野生动物。区内雅砻江坝址下游岸边有分布。

3.7.3.2 高山草甸动物群

本类动物主要分布于海拔较高的高山灌丛及高山草甸地区。兽类主要有赤狐、藏狐、石貂、白唇鹿、棕熊、岩羊、喜马拉雅旱獭等；鸟类中有胡兀鹫、高山兀鹫等猛禽类和藏雪鸡、血雉、红嘴山鸦、雪鸡、褐背拟地鸦、百灵科鸟类等；两栖动物很少，只有高原林蛙、中华蟾蜍等少数种类分布于湿润地方和水溪边；爬行动物有蝮蛇等。

属国家Ⅰ级保护的有白唇鹿和胡兀鹫等，属国家Ⅱ级保护的有棕熊和藏雪鸡等。

绿尾虹雉，栖息于海拔 4 000m 以上高山灌丛草甸和火烧迹地，常雌雄成对活动，是我国西南特产珍稀鸟，属国家Ⅰ级保护野生动物。区内高海拔地带有分布。

胡兀鹫，常单独活动或结成小群活动。属国家Ⅰ级重点保护野生动物。区内海拔 3 800m 以上的高山草甸生境有分布。

玉带海雕，高原珍贵猛禽，捕食鼠类，属国家Ⅰ级保护野生动物。

区内高海拔地带有少量分布。

金雕，高原珍稀猛禽，捕食鼠类，国家Ⅰ级保护野生动物。区内有分布。

猎隼，栖山岩或林缘，捕食鼠类、小鸟。国家Ⅱ级保护野生动物。区内有分布。

石貂，多栖息于多石的高寒灌丛草甸，常在林缘石岩峭壁上活动、穴居。性凶狠、胆大。多晨昏活动，捕食鼠类、鸟类、鸟卵等。属国家Ⅱ级保护野生动物。区内有分布。

白臀鹿，栖息于海拔4 000m以上高山灌丛草甸。属国家Ⅱ级保护野生动物。区内高海拔地带有分布。

斑羚，栖息于悬岩峭壁的灌木林中，灵活地跳跃于悬岩峭壁，以植物为食。属国家Ⅱ级保护动物。区内有分布。

3.7.3.3 高山流石坡动物群

高山流石坡生态自然条件简单，在此环境中活动最普遍的有岩羊等。其次还有狼、红狐、高原兔、喜马拉雅旱獭。鸟类中雁鸭类、鹰雕类比较常见，藏雪鸡等数量亦较多。草原鸟类，如百灵科等相当繁盛。几乎无两栖爬行动物分布。

岩羊，栖息于海拔3 900～5 000m的高山裸岩地带，因身体颜色与岩石相似，故又被称为石羊。善于攀登山岭，行动敏捷。常数只或数十只集群生活。我国特产动物，属国家Ⅱ级保护野生动物。区内有分布。

兔狲，栖息于高山荒漠、流石滩，独居，夜行性，视觉、听觉敏锐。捕食鼠类、野禽，属国家Ⅱ级保护野生动物。区内有分布。

荒漠猫，栖息于海拔3 500m以上疏林、灌丛，流石滩荒漠地带。石穴独居，夜行性，捕食鼠类。我国特产猫类，属国家Ⅱ级保护野生动物。区内有分布。

豺，常三五成群晨昏活动于各种生境，性凶猛，肉食性，常危害家畜，但它在自然生态系统中起着积极作用，属国家Ⅱ级保护野生动物。区内有分布。

3.7.3.4 水域动物群

赤麻鸭是研究区域雅砻江流域最常见的繁殖鸟类。在这些地区每年的3～5月份为繁殖期，并产卵于湿地或湖泊沿岸的洞穴或岩缝。越冬期常在湖内、沼泽内或岸边集群。受到干扰会群起飞离。广泛分布于雅砻江干流及支流中。

大天鹅也会栖息于此域,5月初从越冬地飞来甘孜地区产卵繁殖,以水草、水生小动物为食。属国家Ⅱ级保护动物。

小天鹅栖息于此地,夏冬候鸟,以水草、水生小动物为食。属国家Ⅱ级保护动物。

疣鼻天鹅以水草、水生小动物为食,夏候鸟。属国家Ⅱ级保护动物。

3.7.4 动物垂直分带

生态条件是现生动物生存的决定性因素,生态地理动物群能很好地表现动物与生态条件的关系,以上我们进行了生态地理动物群的划分,但这只偏重于动物水平分布规律,为了进一步认识这种关系,再就动物的垂直分布规律作一讨论。

随着山地海拔高度的变化,气温高低、太阳辐射强弱、土壤类型等均产生差异,从而出现了植物的垂直分布规律。动物的分布是与植物的分布紧密联系在一起的,所以也相应具有垂直分布的规律特征。

研究区域地域辽阔,地形复杂,气候条件差异很大,植物垂直分布带谱,在同一高度的不同纬度、经度和同一地方的一座山,因山势的坡向不同其结构都有不同,这点也自然反映到动物的分布上,问题比较复杂。所以,在这里不可能就全研究区域各地的情况分别讨论动物的垂直分布规律,综合归纳起来大致可分5个带。

(1)高山针叶林带:分布高度随地段不同而变化较大,雅砻江坝址上下游海拔在3 000~4 100m之间。此带动物最为丰富,既有农田种类,又有森林动物。鸟类有鸡形目、啄木鸟科、莺亚科等成分,兽类有猕猴、白唇鹿、狍、麝、棕熊等。

(2)高山灌丛带:海拔一般在3 600~4 500m之间,既可分布于森林带内,又存在于森林上限的高山带,一般覆盖度很大。一些森林种类,如鸡形目鸟类也上升其间活动,鸟类成分组成亦呈过渡状态。

(3)高山草甸带:海拔一般在4 000m以上,与高山裸岩带相衔接,动物种类比较单纯,但数量较多,如百灵科、雀科、鸦科等相当丰富。兽类中啮齿目动物丰富,另外还有少量的食肉目种类。

(4)高山裸岩带:海拔一般在4 100~4 500m,下接草甸。岩石裸露，有些地方山顶脊部由于长期经受风化剥蚀呈砾石状堆积。鸟类种类较少，有藏雪鸡、鹰科鸟类和少数朱雀、岩鸽等，兽类有石貂、岩羊、棕熊等。在高山草甸与本带接壤地区，偶见有活动范围广大的石貂等。

（5）雅砻江水域地带：栖息于此地的鸟类是湿地的主要动物群。它们主要在此越冬或全年在此居留，对于湿地有很强的依赖性。最常见的湿地鸟类有赤麻鸭、普通秋沙鸭、鹮嘴鹬、大天鹅、小天鹅等。

第4章　雅砻江干流生态系统特点及生态保护对象

4.1　生态系统类型

研究区地处青藏高原东南边缘，属北亚热带、暖温带和温带等气候带，加上海拔高度的垂直变化巨大（1 600～5 000m），地形变化复杂、地貌类型丰富、气候环境多样、多年冻土发育、生境条件独特，从而形成了区域内丰富而独特的生态系统类型。主要包括山地森林生态系统、山地灌丛生态系统、高寒草甸生态系统、高寒湿地生态系统等。

4.1.1　山地森林生态系统

水系强烈切割，形成高山峡谷地貌，谷地海拔较低，气候温暖湿润，为亚高山针叶林沿沟谷挤入高原创造了适宜条件，在海拔 4 000m 以下的山地阴坡分布着川西云杉林，而山地阳坡则分布着大果圆柏，川西云杉为我国西南山地特有种。森林以紫果云杉林为优势组成的寒温性针叶林，以及在阳坡呈块状分布的圆柏林。紫果冷杉、鳞皮冷杉、巴山冷杉及鳞皮云杉等常与紫果云杉伴生，或组成小面积纯林。在海拔 3 700m以下地段，暖温性阔叶林有小块状的白桦林、山杨林和糙皮桦分布，红桦分布在海拔 3 000～3 500m 的河谷阳坡和半阳坡上伴生有高山栎。

在以寒旱为主要气候特征的高原上，不同的坡向导致了水、热条件的剧烈变化，从而引起一系列自然因素的重新组合，形成阳坡温度较高、蒸发量大、土壤水分差的特点，仅在条件较好的地方着生以杨、柏为优势的旱生型林分。而阴坡则形成凉温、湿润型气候，是森林主要分布的坡面。因此，林区内部的森林也呈片状分布，覆盖率较小，各林区覆盖率平均也仅有33.0%。林区外的灌木林则更为分散。

森林植物的种类较少,结构简单。从现有森林植被的物种来看,大多是高原隆起后遗留的古老物种,它们随季风侵入,或在特殊的自然生境中发生变异而来,构成了高山植被。树种组成方面,在寒温性针叶林中以川西云杉和紫果云杉为优势,在山地阳坡的森林带中,由密枝圆柏、大果圆柏、桦树、山杨和高山栎组成。

在同一地区同一海拔高度,由于坡向、部位、小地形、经度等相异而导致树种组成、林分结构、林木生长率、森林覆盖率等的不同。在森林分布较集中的东部地区,森林覆盖率也极不均衡,边缘的高山峡谷林区,覆盖率可达50%~60%;而人口集中、交通方便的浅山、半浅半脑地区,尤其浅山地区仍是童山秃岭、沟壑纵横,森林覆盖率一般不到2%。

本系统的野生动物种类较多,主要有林麝、斑尾榛鸡、雉鹑、绿尾虹雉、黑熊、兔狲、鬣羚、红腹角雉、藏马鸡、蓝马鸡、勺鸡、白腹锦鸡等野生动物,其中包括多种国家级保护动物。

植物群落物种呈多样性。从野外调查及相关资料的整理分析来看,本生态系统包括多种国家级保护的野生动植物种类,是研究区内生物多样性较为丰富、生物量最高、涵养水源的主要生态系统。

4.1.2 山地灌丛生态系统

山地灌丛生态系统主要包括高寒灌丛。山地灌丛生态系统主要分布在海拔2 850~4 200m的山地上,主要分布于雅砻江干流及其支流的河谷两岸山坡上,沿河谷地形呈条带状结构展布。气候属寒冷半湿润气候类型,具有高原大陆性气候特征,年平均气温较低,降水量较丰富。

构成生态系统的植物群落优势种为锦鸡儿、杜鹃、鲜卑花、高山柳、沙棘和小檗等植物,主要生长在潮湿生境的河谷两岸山地上,其地上部分分枝多,呈丛生状,植株高度一般为40~200cm,地下根系粗壮发达,深植土壤中,具有较好的水土保持和水源涵养能力。植物种类组成比较丰富，常见的植物约有180种。

本系统的野生动物种类较多，主要有斑尾榛鸡、雉鹑、绿尾虹雉、兔狲、藏原羚、鬣羚、斑羚等野生动物，属山地中的稳定群落类型。局部地段灌丛受到破坏，灌丛生长发育不良，使河谷的水土保持和水源涵养功能有所下降。

从野外调查及相关资料的整理分析来看，本生态系统有多种国家级保护的野生动植物种类。适应中生或湿中生的草甸植物较多，是主要的生态系统类型。

4.1.3 高寒草甸生态系统

高寒草甸生态系统是指由耐寒的多年生中生草本植物所形成的高寒植被为基础，包括高寒草原生物群落、生境条件及其相关生态过程所构成的生态系统类型。它是在高原寒冷而湿润、半湿润的气候环境条件下形成的。其主要生物群落特征是植物优势种明显，地表植被盖度大，植物低矮且层次分化不明显，植物生长期短暂，产草量低，植物地下根系发达，常具有适应高寒气候环境的特殊草皮层结构。野生动物种类数量不多，但种类独特且种群数量较大。

高寒草甸生态系统包括高山草甸和亚高山草甸两个类型，是研究区最主要的生态系统和景观类型之一，其分布范围广、面积大，一般多分布在海拔4 000～5 200m的高山地带。由于受地理位置、地形地貌以及气候条件的综合影响，高寒草甸生态系统的分布海拔有一定的变幅，主要生境类型有山地阴坡、河谷阶地、湖盆滩地等。集中分布于研究区的山地中上部、宽谷阶地以及山地阴坡，多呈片状分布。

高寒草甸生态系统集中分布区域的气候类型属寒冷、湿润及半湿润气候类型，具有年平均气温较低、冬春严寒且多大风、植物生长期短暂（100～130天）、降水集中、日照充足、辐射强烈等高原气候特点。以风火山为例，年平均气温为－5.2℃，年平均降水量为316.7mm，年平均蒸发量为1 477.0mm，平均相对湿度58%，全年大风日数39天。

本生态系统的主要土壤类型为高山草甸土。土壤风化程度低，粗骨性强且土层较薄,质地以轻壤为主,多呈棕褐－淡棕褐色,pH 值介于 6.5～8.3 之间。由于土壤水分适中,冰冻期长,土壤剖面有锈斑。土壤母质类型较多,主要有堆积物、坡积物、冰水沉积物及中积洪积物。土壤形成过程是大气湿润和冻融作用影响下的成土过程。植物生长低矮,平均约 10cm,低者不到 5cm。植物根系集中在表层,按干重计算,有 80% 左右的根系分布在 0～10cm 的土层,常形成坚实的草毡层,具有较强的耐牧性。腐殖质积累、氧化还原和钙积过程强烈。土壤有机质丰富,但分解不良。在冻融作用强烈的高山地区,常因冻融滑塌形成鱼鳞状的景观。

构成生态系统的主要优势植物以莎草科嵩草属和苔草属植物为典型代表,主要有高山嵩草、嵩草和苔草等。此外,杂类草有圆穗蓼、珠芽蓼等植物。随着地形地貌及生境条件的不同,其种类亦有差异。植物种类组成相对丰富,其他常见的植物在 110～160 种之间。植物群落生产力为中等水平,地上生物量一般在 780～1 400kg/hm^2(鲜重)。植被盖度一般为 75%～95%。

常见的野生动物种类有藏原羚、藏羚、西藏野驴、狼、高原鼠兔、喜马拉雅旱獭、白腰雪雀、褐背拟地鸦、长嘴百灵等,属于国家级保护野生动物种类的有藏原羚、藏羚、西藏野驴等。

高寒草甸生态系统的植物种类组成以耐寒、多年生、密丛、短根茎、地下芽的嵩草属植物为典型代表。在强烈的寒冻作用下,多年冻土十分发育,地表常形成冻胀裂缝、泥流阶地等结构特点,植物群落形成斑块状的镶嵌结构。

4.1.4 高寒湿地生态系统

高寒湿地生态系统是指由耐寒的多年生湿生或中生草本植物所构成的生态系统类型,包括高寒湿地生物群落、生境条件及其相关生态过程。它是在寒冷而地表层积水或土壤层水分呈过饱和状态的寒冷潮湿的环境条件下形成的隐域性类型。其主要生物群落特征是以湿地生物种类为主。以植物为例,多以湿生或中生植物为主,地表植被密集且盖度大，层次结构简单，植物生长期短，地上生物量明显高于高寒草甸。

高寒湿地生态系统是研究区重要的生态系统和景观类型。一般多分布在海拔 3 700 ~ 5 100m 的坡麓山裙、鞍部、滩地等积水谷地和排水不良洼地。气候具有明显的高原大陆性气候特征，属寒冷半干旱气候类型。年平均气温较低，冬春严寒且多风，年平均气温为 -4.0℃，年平均降水量为 380.0mm，年平均蒸发量为 1 200.0mm，降水量不多但有地表水、地下水以及冰川融水汇集，由于海拔高、气候严寒、地形平缓，地下常有不透水的永冻层，土壤水分呈过饱和状态，加之融冻作用，常在地表形成草丘和星罗棋布的水坑，水坑中多有常年或季节性积水。

主要土壤为沼泽土和草甸沼泽土，属隐域性的水成土壤类型。其常发育分布于宽谷河滩、山间洼地以及局部低洼潮湿积水地段，地表常年或季节性积水。土壤母质多样，有洪积物、冲积物、洪积物及坡积物等。主要成土过程为腐殖质积累和潜育化过程，植物残留根系在低温条件下不能充分分解，因而在土壤表层大量积累，形成泥炭层，有机质含量非常丰富，其潜在肥力很高。土壤剖面一般为上部草根层；下部是泥炭层，间或腐殖质层和潜育层。

构成高寒湿地生态系统的主要优势植物以莎草科的多年生根茎植物西藏嵩草为典型，并以此形成生态系统的植物群落基础。组成草地的植物由湿生和冷湿中生的多年生草本为主，植物种类比较丰富，常见的植物在 120 ~ 160 种。群落层次结构比较简单，植物高 4 ~ 20cm，层次分异不明显，植物生长茂密，总盖度 65% ~ 95%。地上生物量一般为 1 200 ~ 1 400kg/hm^2（鲜重）。

野生动物种类组成及数量常与湿地的面积大小有关，经调查表明，在高寒湿地生态系统中主要有黑颈鹤、黑鹳、中华秋沙鸭、大天鹅、小天鹅、疣鼻天鹅、鸢、苍鹰、雀鹰等国家级保护野生动物。

由于气候变化的影响，局地沼泽湿地生态系统有向草甸化方向演变的趋势。

高寒沼泽湿地生态系统的植物种类组成以莎草科、禾本科等湿中生多年生草本植物为主。

4.2 生态系统特点

4.2.1 独特的高寒植被生态系统

工程区地处青藏高原东南边缘,属北亚热带、暖温带和温带等气候带,加上海拔高度的垂直变化巨大(1 600 ~5 000m),地形变化复杂、地貌类型丰富、气候环境多样、多年冻土发育、生境条件独特,从而形成了区域内丰富而独特的生态系统类型。

4.2.2 原始的景观生态类型

本区地貌特征悬殊,气候类型多变,植被覆盖较完好。流域受第四纪冰川影响甚微,人为开发扰动程度较轻,很多古老珍稀生物物种得以保存下来,生态环境基本保持原始自然状态;另一方面,随着南北方向和垂直方向海拔高程的叠加变化,区内自南部河谷到北部高原,呈现出立体气候交替区带,形成了独特的生物自然环境,使得生物种群聚集、繁衍、分化、转变等现象十分显著,组成流域内复杂的生物群落,其中不乏属于《国家重点保护野生动植物名录》的珍稀濒危生物物种。

由于区域特殊的地理位置以及自然环境特点,高寒草甸、高寒垫状稀疏植被以及高寒流石坡稀疏植被等景观生态类型受人类活动的影响和改造较小,多数自然景观处于原始状态,属于典型的自然景观,虽然在外观上表现十分单调,却具有很高的美学价值。

4.2.3 脆弱的草原生态环境

高寒草原和高寒草甸的生物群落结构简单,生物学生物量较低,受人类活动影响后易发生变化。草地过度放牧后可出现草场植被退化,而草地生态系统的恢复较为困难。特别是在寒冷、多风以及冻融作用之下,高寒景观生态系统地表植被破坏之后恢复十分困难。

生态保护功能主要表现在维持其美学价值和景观价值、水生生物物种保护、维持营养物输送、坦化洪水和接纳地下水的排泄功能,因此河流需要保持足够的水量来维持这些功能。

4.3 生态保护对象

调水河流雅砻江干流，是一些珍稀生物物种在世界仅存的保留地和发源地。据有关文献记载，从长江源头至长江口，流域内特有鱼种的比例显示出上游高、中游和下游低的特点，但随海拔降低而逐渐降低的趋势不明显；而中国特有种的比例基本上随海拔的降低而逐渐降低。相对于中下游，上游地区在自然景观上具有从河谷亚热带到高山顶永久冰雪带的垂直分布，且有显著的地区差异和山地自然条件复杂性，以及植被种类和气候多样化，从而形成了生境的多样化，而且因为以畜牧业为主，生境的保护程度相对较高，为不同鱼类的生境选择提供了良好的场所。该区特有种类数目与全部种类数目呈显著正相关，全部种类数目的绝对数与流域面积、干流长度、流量呈显著或极显著正相关，与比降呈显著负相关，研究生态需水需要考虑对鱼类等水生生物的保护。保护的意义不在于经济价值，而在于对生物物种和种群的保护。

生态保护的主要对象不同，生态需水量也不同。南水北调西线调水河流的主要的生态保护对象有两类。其一是保护河道内的水生生物，主要是一些该地的特有鱼类（如裂腹鱼）和珍稀濒危鱼类；第二个主要生态保护对象是保护傍水生的植被。该区原始植被保存完好，生物多样性高。由于其特有的地形、气候条件，远离河水生长的植被一般能从雨水中得到生长所需的全部水分，重点保护的是傍水生植被。当主要生态保护对象的河道水量得到满足后，该研究区的其他生态保护功能，如美学价值和景观价值、维持营养物输送、坦化洪水和接纳地下水排泄的功能也将得到实现。

4.4 鱼类及鱼类生境概况

4.4.1 鱼类区系组成

根据《中国动物志》、《中国淡水鱼类检索》、《四川鱼类志》、《中国条鳅志》、《水生生物学集刊》、《水生生物学报》等文献，结合2005年9～10月现场调查的结果（委托中国科学院水生生物研究所进行了现场调查与专题研究），工程影响区分布有29种鱼类，分别是虎嘉鱼、四川裂腹鱼、重口裂腹鱼、齐口裂腹鱼、长丝裂腹鱼、短须裂腹鱼、黄河裸裂尻鱼、软刺裸裂尻鱼、大渡软刺裸裂尻鱼、扁咽齿鱼、裸腹叶须鱼、厚唇裸重唇鱼、骨唇黄河鱼、花斑裸鲤、细尾高原鳅、斯氏高原鳅、安氏高原鳅、黄河高原鳅、似鲇高原鳅、麻尔柯河高原鳅、修长高原鳅、短尾高原鳅、达里湖高原鳅、黑体高原鳅、拟硬刺高原鳅、粗壮高原鳅、东方高原鳅、硬鳍高原鳅和青石爬鮡。野外调查期间在雅砻江采集到该河流未见记录的青石爬鮡，参照最新的参考文献（郭宪光等，2004），原来分布在雅砻江干流的黄石爬鮡均应为青石爬鮡。

在工程影响区内分布的鱼类共有3目、4科、29种，其中，鲑形目1科1种，鲤形目2科27种，鲇形目1科1种。在鲑形目鱼类中，鲑科1种，占鱼类总数的3.45%。鲤形目鱼类27种，占鱼类总数的93.10%。其中鲤科13种，占鱼类总数的44.83%；鳅科14种，占鱼类总数的48.27%。在鲇形目鱼类中，鮡科有1种，占鱼类总数的3.45%（见表4-1、表4-2）。

表4-1　工程影响区鱼类名录

种类	雅砻江甘孜河段	玛柯河班玛河段	阿柯河安羌段	黄河采日玛河段
鲑形目				
鲑科				
虎嘉鱼 *Hucho bleekeri* Kimura		+		
鲤形目				
鲤科				
短须裂腹鱼 *Schizothorax wangchiachii* (Fang)	+			
齐口裂腹鱼 *Schizothorax prenanti* (Tchang)		+	+	

续表 4-1

种类	雅砻江甘孜河段	玛柯河班玛河段	阿柯河安羌段	黄河采日玛河段
长丝裂腹鱼 *Schizothorax dolichonema* Herzenstein	+			
四川裂腹鱼 *Schizothorax kozlovi* Nikolsky	+			
重口裂腹鱼 *Schizothorax* (*Racoma*) *davidi* (Sauvage)		+	+	
裸腹叶须鱼 *Ptychobarbus kaznakovi* Nikolsky	+			
厚唇裸重唇鱼 *Gymnodiptychus pachycheilus* Herzenstein	+			+
花斑裸鲤 *G. eckloni eckloni* Herzenstein				+
软刺裸裂尻鱼 *Schizopygopsis malacanthus* Herzenstein	+			
大渡软刺裸裂尻鱼 *Schizopygopsis malacanthus chengi* (Fang)		+	+	
黄河裸裂尻鱼 *S. pylzovi* Kessler				+
骨唇黄河鱼 *Chuanchia labiosa* Herzenstein				+
扁咽齿鱼 *Platypharodon extremus* Herzenstein				+
鳅科				
粗壮高原鳅 *Triplophysa robusta* (Kessler)				+
达里湖高原鳅 *Triplophysa dalaica* (Kessler)				+
东方高原鳅 *Triplophysa orientalis* (Herzenstein)				+
黑体高原鳅 *Triplophysa obscura* Wang				+
硬鳍高原鳅 *Triplophysa scleroptera* (Herzenstein)				+
拟硬刺高原鳅 *T. pseudoscleroptera* (Zhu et Wu)	+			+
麻尔柯河高原鳅 *Triplophysa markehensis* (Zhu et Wu)	+	+	+	+
黄河高原鳅 *T. pappenheimi* (Fang)				+
似鲇高原鳅 *T. siluroides* (Herzenstein)				+
安氏高原鳅 *Triplophysa angeli* (Fang)	+			

续表 4-1

种类	雅砻江甘孜河段	玛柯河班玛河段	阿柯河安羌段	黄河采日玛河段
短尾高原鳅 *Triplophysa brevicauda* (Herzenstein)	+			
修长高原鳅 *Triplophysa leptosoma* (Herzenstein)	+			+
斯氏高原鳅 *Triplophysa stoliczkae* (Steindachner)	+			+
细尾高原鳅 *Triplophysa stenura* (Herzenstein)	+			
鲇形目				
鮡科				
青石爬鮡 *Euchiloglanis davidi* (Sauvage)	+	+	+	
合　计	14	6	5	16

工程影响区内鱼类区系组成的特点是以裂腹鱼和高原鳅为优势种类的高原类群,鮡科鱼类也有分布,而其他类群缺乏。

表 4-2　工程影响区鱼类区系组成

目	科	亚科	种数	比例(%)
鲑形目	鲑科	鲑亚科	1	3.45
鲤形目	鲤科	裂腹鱼亚科	13	44.83
	鳅科	条鳅亚科	14	48.27
鲇形目	鮡科		1	3.45
合计			29	100.00

4.4.2　雅砻江甘孜河段鱼类群落组成

雅砻江上游河段共分布有 14 种鱼类,分别是拟硬刺高原鳅、麻尔柯河高原鳅、安氏高原鳅、短尾高原鳅、修长高原鳅、斯氏高原鳅、细尾高原鳅、短须裂腹鱼、长丝裂腹鱼、四川裂腹鱼 、裸腹叶须鱼、厚唇裸重唇鱼、软刺裸裂尻鱼、青石爬鮡。2005 年现场调查中,在雅砻江甘孜和新砻江段采到 7 种鱼类,分别为短须裂腹鱼、裸腹叶须鱼、软刺裸裂尻鱼、厚唇裸重唇鱼、拟硬刺高原鳅、细尾高原鳅和青石爬鮡。几种主要鱼类见附图13。

雅砻江干流甘孜河段的主要鱼类为软刺裸裂尻鱼、厚唇裸重唇鱼、短须裂腹鱼、青石爬鮡等，这4种鱼类占渔获物重量百分比的91.67%，另外3种鱼类裸腹叶须鱼、细尾高原鳅和拟硬刺高原鳅占渔获物重量百分比仅为8.33%。

在鱼类群落组成中数量比例较大的种类依次为软刺裸裂尻鱼、厚唇裸重唇鱼、青石爬鮡、短须裂腹鱼和裸腹叶须鱼，这5种鱼类的数量百分比都大于10%，5种鱼类占总数量的96.47%，另外2种鱼类占渔获物数量百分比为3.53%（见表4-3）。

表4-3 雅砻江甘孜江段主要鱼类群落结构组成（2005年9月）

种　类	尾数（ind）	尾数百分比（%）	质　量（g）	质量百分比（%）
软刺裸裂尻鱼	140	35.26	11 075.4	34.41
厚唇裸重唇鱼	81	20.40	7 667.3	23.82
青石爬鮡	72	18.14	5 513.2	17.13
短须裂腹鱼	50	12.59	5 249.9	16.31
裸腹叶须鱼	40	10.08	2 339.2	7.27
细尾高原鳅	8	2.02	227.7	0.71
拟硬刺高原鳅	6	1.51	111.9	0.35
合计	397	100	32 184.6	100

4.4.3 鱼类生境调查

4.4.3.1 水环境要素

现场调查分析表明，调查期间干流水温为10.8～11℃，水平、垂直方向水温变化较小。水体透明度多在30cm以上，pH值为8.46～8.59，电导率为307～329μS/cm，溶解氧7.29～8.12mg/L，水环境中溶解氧接近饱和（见表4-4）。

表 4-4　工程影响区河流的水环境特征

河流	采样时间	采样点	GPS	海拔(m)	流速(m/s)	水温(℃)	透明度(cm)	pH值	溶解氧(mg/L)	电导率(μS/cm)
雅砻江干流	9月24日	甘孜县扎柯乡	E:99°38′35.8″ N:31°53′51.7″	3 461	0.35	11	68	8.47	7.35	329
	9月24日	甘孜县城	E:99°52′23.7″ N:31°38′04.5″	3 369	0.22	11	80	8.59	7.29	307
	9月27日	新砻县乐安乡	E:100°18′21.7″ N:31°10′38.6″	3 111	0.25	10.8	33	8.46	8.12	312

4.4.3.2　鱼类生境特征总述

工程影响区内河流的生境主要分为:宽谷河流、峡谷河流和山溪支流3类。

从河段来看,裂腹鱼类中多数身体裸露无鳞的种类常见于宽谷河流的缓流或静水湖泊中,而披细鳞者多见于急流河水中。齐口裂腹鱼为底层鱼类,喜欢生活于峡谷河段的急缓流交界处。拟调水河流的上段均是穿行于宽谷的河段,流速和水深都不大,下段则都是穿行于峡谷的急流河段,河窄流急,河水也较深。其宽谷河段的优势种类为黄河裸裂尻鱼、软刺裸裂尻鱼、大渡软刺裸裂尻鱼、扁咽齿鱼等,峡谷河段的优势种类为四川裂腹鱼、重口裂腹鱼、齐口裂腹鱼、长丝裂腹鱼和短须裂腹鱼等。

从水层来看,调查江段分布的鱼类都是适应当地急流或缓流型水生生境的种类,在形态上也表现为多数鱼类体形细长、善于游泳,有的种类胸腹部可以吸附在岩石上,以克服急流的冲击。由于河流底层水体流速较缓,栖息在该水域能使鱼类减少体能支出,河床不同的地形为鱼类提供了良好的庇护场所,而且河床的岩石、石砾是多种藻类着生的基质,也是底栖动物的栖息场所,因此河流的底层是鱼类良好的栖息地。拟调水河段的全部鱼类都是属于适应底栖或中下水层生活的种类。

从微生境来看，齐口裂腹鱼和重口裂腹鱼喜栖在水质清新、有水流、水量充足、具有砂砾底质的冷水溪流中。大渡软刺裸裂尻鱼更喜欢生活在宽谷河段的缓流水体中，在河岸洞穴或岩石缝隙中越冬。重口裂腹鱼平时多生活于缓流的沱中，在河流的深坑或水下岩洞中越冬。虎嘉鱼多栖于急流深潭中，冬季潜入深沱或南下。青石爬鮡常栖息于山涧溪河多砾石的急流滩上，以扁平的腹部和口胸的腹面附贴于石上，用匍匐的方式移动。某些鱼类在体形上也表现出了营底栖生活的特征，如青石爬鮡，其头、胸、腹部均呈扁平形状，胸鳍和腹鳍也可平展开来，且其身体可以吸附在河底的石头上，借以克服激流水体的冲力。高原鳅通常栖息于江河湖泊的静水或缓流的底层，主要以水生无脊椎动物或着生藻类为食。厚唇裸重唇鱼在河湾回水处较常见；麻尔柯河高原鳅栖息地为河流岸边浅滩处；扁咽齿鱼栖息环境为水底多砾石、水质清澈的缓流或静水水体，常喜在草甸下穴居；似鲇高原鳅常喜潜伏于干流、大支流等水深湍急的砾石底质的河段，也栖息于冲积淤泥、多水草的缓流和静水水体，营底栖生活。

从鱼类的不同生活史阶段看，鱼类的幼体通常多在河流浅水处栖息和觅食。河流的浅滩处流速小，水温稍高，因具有较好的光照条件，是藻类生长和繁殖的好场所，幼鱼在这样的水环境中能以最少体能获取尽可能多的食物量。而鱼类的成熟个体则多在较深水域栖息和摄食。

从年度不同季节看，春秋是摄食生长季节，而秋冬则是越冬季节，鱼类选择的生境也迥然不同。鱼类的索饵场所因鱼类的食性而有所不同。主要以着生在石块表面上藻类为食物的种类，其索饵场所是那些河道具备砾石滩的河段。以底栖动物为主要食物的种类，其索饵场所则是宽谷河流的河滩处。据文献记载，生活于高原宽谷河流中的鱼类，其越冬场所是在那些河道弯曲处被水流淘空了的洞穴。在整个河水封冻时期，鱼类群聚于这些洞穴中越冬。由于洞穴水面有厚的草甸覆盖，并且水也较深，洞穴中的水不会完全冻结，这样就保证了鱼类安全地度过为时约半年的冰冻期。生活于峡谷河流中的鱼类则是在水深的河道和岩石缝隙间越冬，当地渔民称这些地方为“沱”。渔民常根据鱼类的这些习性将一些水量较小的河流砌石坝拦断，只留一个狭窄的出水口，在其下面用竹笆截获顺流而下、游往沱中的鱼。

总之，工程影响区分布的鱼类中，长江水系的鱼类，多数的种有一定的分布范围。有些种类只在峡谷河流中生活，如虎嘉鱼、重口裂腹鱼、短须裂腹鱼和细尾条鳅；另有一些种类则主要生活在宽谷河流中，但在峡谷河流的上段也有它们的踪迹，如厚唇裸重唇鱼、软刺裸裂尻鱼和大渡软刺裸裂尻鱼。此外，有少数种类主要在峡谷中栖息，但在一些宽谷河流中也较常见，如齐口裂腹鱼和长丝裂腹鱼，这些宽谷河流的河道有较多的砾石滩，水流较急（见表 4-5）。

表 4-5　鱼类主要栖息地生境特征

种类	觅食场所生境	产卵场生境	越冬场所生境
虎嘉鱼	河滩下方；深水潭	峡谷干流；缓流水域；砂底质	干流深潭、石隙
短须裂腹鱼	峡谷干支流；急流；砾石底质	峡谷干支流；急流；砾石底质	干流深潭、石隙
齐口裂腹鱼	峡谷干支流；急流；砾石底质	峡谷干支流；急流；砾石底质	干流深潭、石隙
长丝裂腹鱼	峡谷干支流；急流；砾石底质	峡谷干支流；急流；砾石底质	干流深潭、石隙
四川裂腹鱼	峡谷干支流；急流；砾石底质	峡谷干支流；洄水；砾石底质	干流深潭、石隙
重口裂腹鱼	峡谷干支流；急流；砾石底质	峡谷干支流；急流；砾石底质	干流深潭、石隙
裸腹叶须鱼	宽谷；缓流；砂、泥底质	宽谷；缓流；砂、泥底质	干流深潭、石隙
厚唇裸重唇鱼	宽谷；缓流；砂、泥底质	宽谷；缓流；砂、泥底质	干流深潭、泥洞
花斑裸鲤	宽谷；缓流；砂、泥底质	宽谷；缓流；砂、泥底质	干流深潭、泥洞
软刺裸裂尻鱼	宽谷；缓流；砂、泥底质	宽谷；缓流；砂、泥底质	干流深潭、泥洞
大渡软刺裸裂尻鱼	宽谷；缓流；砂、泥底质	宽谷；缓流；砂、泥底质	干流深潭、泥洞
黄河裸裂尻鱼	宽谷；缓流；砂、泥底质	宽谷；缓流；砂、泥底质	干流深潭、泥洞
骨唇黄河鱼	宽谷；缓流；砂、泥底质	宽谷；缓流；砂、泥底质	干流深潭、泥洞
扁咽齿鱼	宽谷；缓流；砂、泥底质	宽谷；缓流；砂、泥底质	干流深潭、泥洞
粗壮高原鳅	宽谷；缓流；砂、泥底质	宽谷；缓流；砂、泥底质	干流深潭、石隙
达里湖高原鳅	宽谷；缓流；砂、泥底质	宽谷；缓流；砂、泥底质	干流深潭、石隙

续表 4-5

种类	觅食场所生境	产卵场生境	越冬场所生境
东方高原鳅	宽谷;缓流;砂、泥底质	宽谷;缓流;砂、泥底质	干流深潭、石隙
黑体高原鳅	宽谷;缓流;砂、泥底质	宽谷;缓流;砂、泥底质	干流深潭、石隙
硬鳍高原鳅	宽谷;缓流;砂、泥底质	宽谷;缓流;砂、泥底质	干流深潭、石隙
拟硬刺高原鳅	宽谷;缓流;砂、泥底质	宽谷;缓流;砂、泥底质	干流深潭、石隙
麻尔柯河高原鳅	宽谷;缓流;砂、泥底质	宽谷;缓流;砂、泥底质	干流深潭、石隙
黄河高原鳅	宽谷;缓流;砂、泥底质	宽谷;缓流;砂、泥底质	干流深潭、石隙
似鲇高原鳅	宽谷;缓流;砂、泥底质	宽谷;缓流;砂、泥底质	干流深潭、石隙
安氏高原鳅	宽谷;缓流;砂、泥底质	宽谷;缓流;砂、泥底质	干流深潭、石隙
短尾高原鳅	宽谷;缓流;砂、泥底质	宽谷;缓流;砂、泥底质	干流深潭、石隙
修长高原鳅	宽谷;缓流;砂、泥底质	宽谷;缓流;砂、泥底质	干流深潭、石隙
斯氏高原鳅	宽谷;缓流;砂、泥底质	宽谷;缓流;砂、泥底质	干流深潭、石隙
细尾高原鳅	峡谷;急流;砾石、砂底质	峡谷;急流;砾石、砂底质	干流深潭、石隙
青石爬鮡	石块、石砾底质	急流;砾石底质	干流深潭、石隙

4.4.3.3 代表性种类生活史不同阶段生境需求

1)峡谷急流河段代表性鱼类生境需求

齐口裂腹鱼属底层鱼类,喜栖息于峡谷急流河段,峡谷水深 2 ~ 3m 并有深达数米或数十米的河槽或深潭,河床底质主要为基岩和砾石。栖息地要求较低的水温环境,并喜生活于急缓流交界处(即河流的滩和潭的交界处)。

成熟个体在 3 ~ 4 月繁殖,此时繁殖群体进行短距离的产卵洄游,由岷江和大渡河上溯至其支流产卵,例如在岷江中游的齐口裂腹鱼,3 月上旬就开始上溯到青衣江及其支流天全、荥经河中产卵。渔民则根据齐口裂腹鱼在繁殖期间向上溯游产卵的特性,在支流中拦河砌石坝,在河流中间留一个狭窄的出水口,以形成水流湍急的环境,上溯繁殖鱼群即受阻而群集于狭口两旁,渔民得以捕获之。

齐口裂腹鱼产出的卵具微黏性,沉于水底,易被流水带入砾石间隙,并在那里继续发育。

幼鱼则多集群生活于干、支流近河岸的浅水水域摄食。

到秋季(9~10 月)因水温降低而向下游至较大的干流中,冬季则回到江河深水处或水下岩洞中越冬。

2)宽谷缓流河段代表性鱼类生境需求

软刺裸裂尻鱼属冷水性鱼类,喜栖息于宽谷缓流河段,即水深 0.5~2m,河床底质主要为砂和砾石,间有淤泥的河段。多生活在水质澄清的高山溪流中。

成熟个体的种类在 8~9 月繁殖,亲鱼在底质为砾石的流水环境中产卵。卵产出后在砾石缝隙中孵化,幼鱼通常集群在干、支流近河岸的浅水缓流或洄水处游动;冬季,幼鱼则到河道弯曲处岸边被水流淘空了的洞穴中越冬。

4.4.3.4 雅砻江水系不同生活史阶段鱼类生境条件

根据 2006 年 4~5 月对雅砻江的外业调查可得,软刺裸裂尻鱼、厚唇裸重唇鱼、裸腹叶须鱼、短须裂腹鱼和青石爬鮡栖息地的水深为 1~3m,流速变幅较大,为 0.45~1.74m/s。由于上述鱼类对不同流速适应能力强,故满足一定的水深对其种群繁衍就显得尤为重要(见表 4-6)。

表 4-6 雅砻江成鱼生境条件

成鱼	水温(℃)	水深(m)	流速(m/s)	底质	溶解氧(mg/L)	透明度(cm)	pH 值
软刺裸裂尻鱼、厚唇裸重唇鱼、裸腹叶须鱼、短须裂腹鱼、黄石爬鮡(青石爬鮡)	7.5	1~2.5	0.45	砾石	5.87	30	8.55
	7.4	1~3	1.74	砾石	5.85	40	8.61

雅砻江高原鳅幼鱼的栖息地水深为 10cm 的静水水体。软刺裸裂尻鱼栖息地水深为 12cm 的微流水体(见表 4-7)。

表 4-7 雅砻江幼鱼栖息地条件

幼鱼	水温(℃)	水深(cm)	流速(m/s)	底质	溶解氧(mg/L)	透明度(cm)	pH 值
高原鳅	7.5	10	静水	砾石、砂	5.87	30	8.55
软刺裸裂尻鱼	7.4	12	微流水	砾石、砂	5.85	35	8.61

达曲软刺裸裂尻鱼和厚唇裸重唇鱼栖息地的水深为0.3～0.8m，流速为0.15m/s(见表4-8)。

表4-8　达曲成鱼生境条件

成鱼	水温(℃)	水深(m)	流速(m/s)	底质	溶解氧(mg/L)	透明度(cm)	pH值
软刺裸裂尻鱼 厚唇裸重唇鱼	10.2	0.3～0.8	0.15	砾石	5.81	40	6.72

泥曲软刺裸裂尻鱼和厚唇裸重唇鱼栖息地的水深为0.8～1.2m，流速为0.78m/s(见表4-9)。

表4-9　泥曲成鱼栖息地生境条件

种类	水温(℃)	水深(m)	流速(m/s)	底质	溶解氧(mg/L)	透明度(cm)	pH值
软刺裸裂尻鱼 厚唇裸重唇鱼	10.5	0.8～1.2	0.78	砾石	5.42	40	7.21

第5章　雅砻江干流的生态需水量分析

调水工程区位于雅砻江的上中游地区，高程在3 000m以上，为高纬度高海拔地区，呈高原地貌和高山高原地貌，气候寒冷，水热条件差。该区属高原寒带干旱区和高原亚寒带半湿润区，具有长冬无夏、昼夜温差大，干湿季分明，多大风、雷暴，气压低和含氧量少等高原气候特征。多年平均降水量在650mm以上。

雅砻江流域南北跨度大，地形复杂、高差悬殊，气候差异大。流域内径流主要由降雨形成，部分为融雪和冰川补给，流域内植被良好，水量丰沛，径流年际变化较小。区内植被类型多，植物种属丰富，植物区系成分复杂，是中国植物区系较为丰富的地区之一，动植物资源丰富，生态系统类型多样。

雅砻江上游地区人烟稀少，工农业生产落后，人类活动对生态环境的影响很小，大部分地区尚处于原始状态，河流生物多样性保存得较为完好，而且河流泥沙含量很小，受到的污染极为轻微。为使河流生态系统良性维持，必须充分考虑河道内生态环境用水需求。

针对雅砻江干流生态需水特点及确定其参数的要求，同时考虑河道本身信息（水力半径）和为了满足其一定生态所需的流速（生态流速）估算生态需水量的方法——水力半径法，以及用代表鱼类生境条件的主要因子（流速和水深），模拟流量与鱼类生境之间的关系，从而确定为保护鱼类良好生境所需的生态需水量的方法——生境模拟法。这两种方法的运用对于维持调水后合理的水生生物的生态需水量具有重要的意义。

5.1　水力半径法

5.1.1　相关概念的提出及其界定

5.1.1.1　生态流速

河道内水流的流速是指水质点单位时间内移动的距离，单位是

m/s。本书提出的生态流速（刘昌明等，2006）是指为了保护一定的生态目标，即使河道生态系统保持其基本的生态功能，河道内基本保持的水流流速用 $v_{生态}$ 来表示。生态目标包括：①水生生物及鱼类对流速的要求，如鱼类洄游的流速、栖息地生活的流水流速；②保持河道输沙的不冲不淤流速；③保持河道防止污染的自净流速；④若是入海河流，要保持其一定入海水量的流速等。

5.1.1.2 生态水力半径

水力半径是水力学中的一个非常重要的参数，没有其描述性概念，只有定量计算的概念，是指河道过水断面面积与其湿周的比值，一般用 R 来表示。

本书提出的生态水力半径（刘昌明等，2006）是指上文提出的生态流速所对应的水力半径，称其为生态水力半径，用 $R_{生态}$ 来表示。

5.1.2 方法提出的思路及假设前提

水力半径法主要是针对天然河道某一过水断面的生态流量提出的，是一个比较宏观的物理量，故有两点假设前提：一是假设天然河道的流态属于明渠均匀流；二是流速采用河道过水断面的平均流速，即消除过水断面不同流速分布对于河道湿周的影响。

5.1.3 该方法的基本原理

依据上文的两点假设及所提出的相关概念，下面来说明为什么提出应用水力半径来估算河道内生态需水量。

对于明渠均匀流，存在如下的关系：

$$Q = \bar{v}A \tag{5-1}$$

$$R = \frac{A}{P} \tag{5-2}$$

$$Q = \frac{1}{n}R^{2/3}AJ^{1/2} \tag{5-3}$$

$$\bar{v} = C\sqrt{RJ} \tag{5-4}$$

式中：Q 为流量；n 为糙率；C 为谢才系数，$C = \frac{1}{n}R^{1/6}$；A 为河流过水断面

面积；P 为湿周；J 为水力坡度；R 为水力半径；$\bar{v}$ 为过水断面平均流速。

由式(5-1)～式(5-4)可以得到水力半径 R 与过水断面平均水流流速 $\bar{v}$、水力坡度 J 和糙率 n 之间的关系

$$R = n^{3/2} \cdot \bar{v}^{-3/2} \cdot J^{-3/4} \tag{5-5}$$

从式(5-5)中可以看出，水力半径可以用河道的糙率 n、水力坡度 J 和过水断面的平均流速 $\bar{v}$ 表示出来，其中糙率和水力坡度是河道本身的水力学参数(即河道信息)，若将过水断面平均流速赋予生物学意义，即上文所述的生态流速(如鱼类产卵洄游的流速)$v_{生态}$ 作为过水断面的平均流速，那么此时的水力半径就具有生态学的意义了(即生态水力半径 $R_{生态}$)，然后再用这个生态水力半径来推求该过水断面的流量，即为可以满足河流一定的生态功能(如鱼类洄游)所需要的生态流量，进而得到可以保持河流基本生态功能(如满足水生生物及鱼类洄游)所需的生态需水量了。

5.1.4 水力半径法的计算步骤

首先根据河道内满足水生生物的流速 $v_{生态}$，不同鱼类的洄游流速不同，一般为 0.4～1.4m/s；以及河道糙率 n 和河道的水力坡度 J，计算出河道过水断面的生态水力半径 $R_{生态} = n^{3/2} \cdot v_{生态}^{-3/2} \cdot J^{-3/4}$；其次利用生态水力半径 $R_{生态}$ 来估算过水断面面积 A，一般断面的 n、J 可以作为常数，因此有 $A \sim R$ 的关系；最后利用 $Q = \dfrac{1}{n}R^{2/3}AJ^{1/2}$ 计算的流量，即含有水生生物信息和河道断面信息的生态流量，进而估算出某一过水断面一段时间的生态需水量($Q_{生态}$)，确定洄游时段($T_{生态}$)，计算生态径流量。

5.1.5 过水断面面积与水力半径的关系

从水力半径法估算生态需水量的计算步骤可以看出，确定河道某一过水断面的生态水力半径可以用生态流速(如鱼类洄游等水生生物所需流速)来求得，但是怎样通过生态水力半径来推求断面面积成为推求该过水断面生态流量的核心内容。下面通过几种规则几何图形的过水断面，来分析过水断面面积与水力半径的关系。

5.1.5.1　**规则几何过水断面**

目前,人工渠道的过水断面形状主要有圆弧形、箱涵形、梯形、V 形等,各种渠道过水断面面积、湿周及水力半径的关系见表 5-1。

5.1.5.2　**抛物线形过水断面**

应当指出,除人工河道外,在自然界中上述水流断面是很少见到的。在 80 多个流域的调查中发现,过水断面基本应属于抛物线形。因此,大多数天然河流的过水断面可以概化为抛物线形。下面来推导一下抛物线形过水断面的水力半径。

如前所述,天然河道过水断面的形状可用抛物线概化,抛物线形河道过水断面如图 5-1 所示。设抛物线方程为:

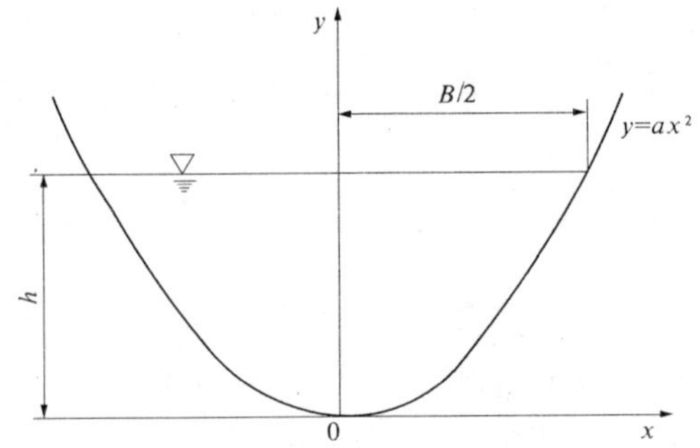

图 5-1　抛物线形断面

$$y = ax^2 \tag{5-6}$$

当 $x = \pm\dfrac{B}{2}$时,$y = h$,得到抛物线参数 $a = \dfrac{4h}{B^2}$。

$$A = \int_{-\frac{B}{2}}^{\frac{B}{2}} ax^2 \mathrm{d}x = \frac{2}{3}B \cdot h \tag{5-7}$$

$$p = \frac{1}{2a}\left[aB\sqrt{1 + (aB)^2} + \ln\left(aB + \sqrt{1 + (aB)^2} \right) \right] \tag{5-8}$$

$$R = \frac{16B \cdot h^2}{3\left[4h\sqrt{B^2 + 16h^2} + B^2\ln\left(4h + \sqrt{B^2 + 16h^2} \right) - B^2\ln B \right]} \tag{5-9}$$

5.1.5.3　**天然河道断面**

天然河道过水断面一般不像人工渠道断面那样形状规则。图 5-2 是雅砻江干流水文站的实测大断面。

表 5-1　过水断面面积与水力半径的关系

过水断面形状	过水断面面积 A	过水断面湿周 P	水力半径 R
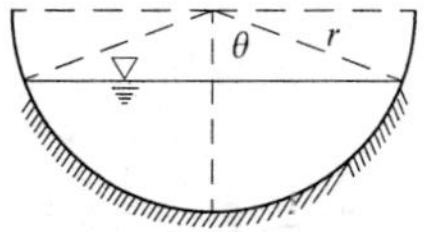 圆弧形断面	$A=\frac{1}{2}(\theta-\sin2\theta)\cdot r^2$	$P=2\theta\cdot r$	$R=\frac{A}{P}=\frac{1}{2}\left[1-\frac{\sin2\theta}{\theta}\right]\cdot r$
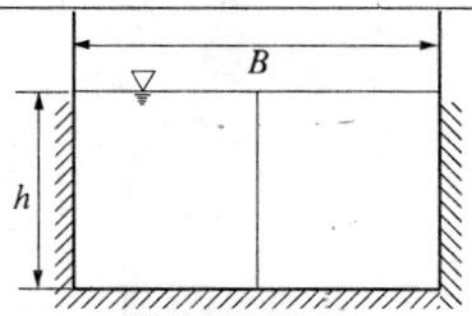 箱涵形断面	$A=B\cdot h$	$P=B+2h$	$R=\frac{B\cdot h}{B+2h}$
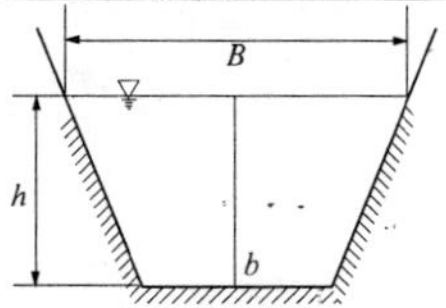 梯形断面	$A=\frac{1}{2}(B+b)\cdot h$	$P=b+\sqrt{(B-b)^2+4h^2}$	$R=\frac{(B+b)\cdot h}{2b+\sqrt{(B-b)^2+4h^2}}$
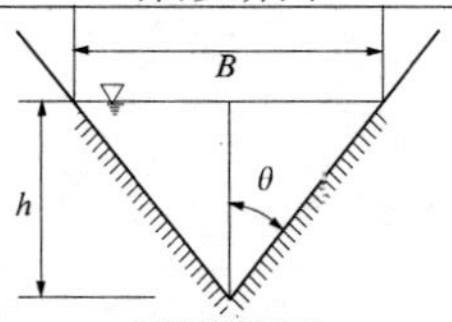 V 形断面	$A=\frac{1}{2}B\cdot h$	$P=\sqrt{B^2+4h^2}$	$R=\frac{B\cdot h}{\sqrt{B^2+4h^2}}$

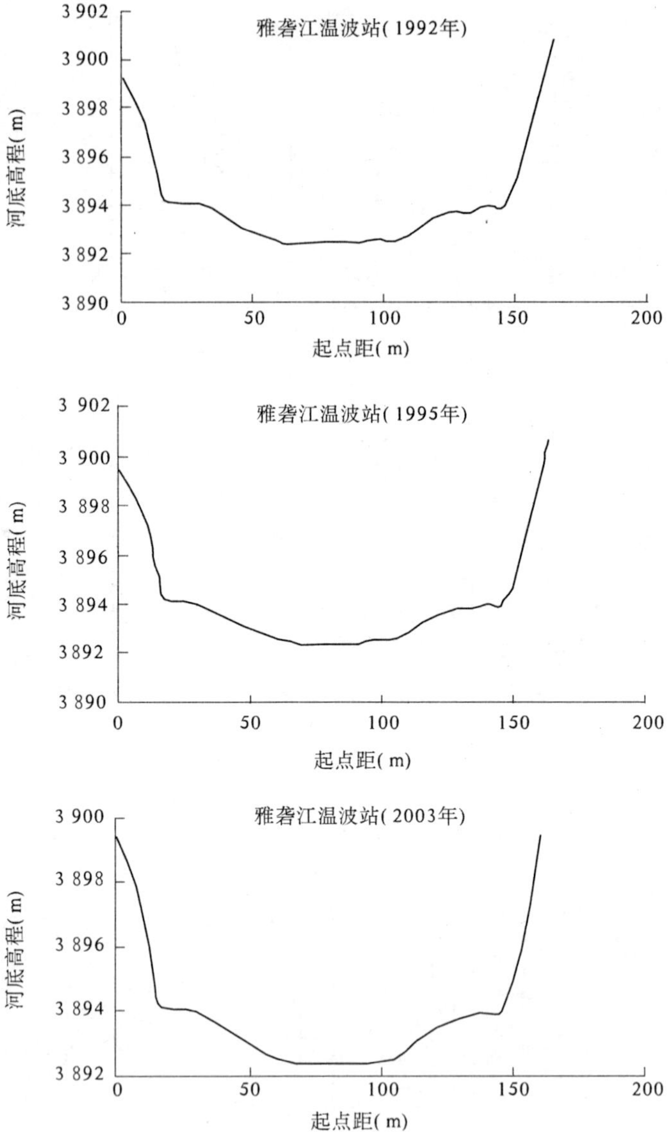

图 5-2　天然河道水文站实测大断面

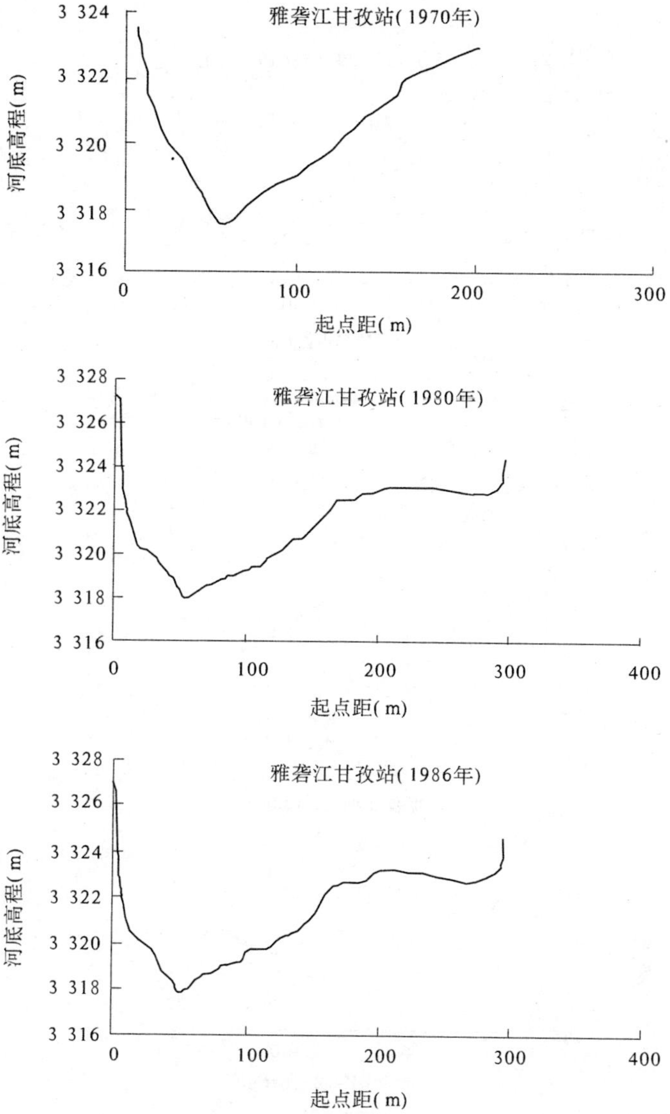
雅砻江甘孜站(1970年)
河底高程(m)
3 324
3 322
3 320
3 318
3 316
0
100
200
300
起点距(m)
雅砻江甘孜站(1980年)
河底高程(m)
3 328
3 326
3 324
3 322
3 320
3 318
3 316
0
100
200
300
400
起点距(m)
雅砻江甘孜站(1986年)
河底高程(m)
3 328
3 326
3 324
3 322
3 320
3 318
3 316
0
100
200
300
400
起点距(m)

续图 5-2

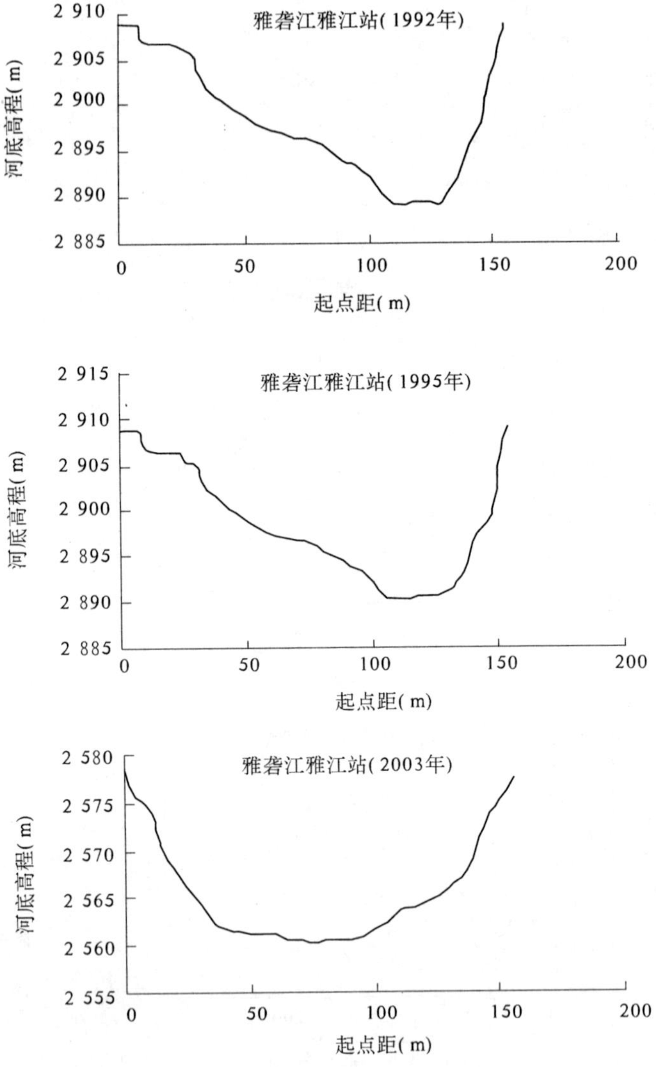
雅砻江雅江站(1992年)
河底高程(m)
2 910
2 905
2 900
2 895
2 890
2 885
0
50
100
150
200
起点距(m)
雅砻江雅江站(1995年)
河底高程(m)
2 915
2 910
2 905
2 900
2 895
2 890
2 885
0
50
100
150
200
起点距(m)
雅砻江雅江站(2003年)
河底高程(m)
2 580
2 575
2 570
2 565
2 560
2 555
0
50
100
150
200
起点距(m)

续图 5-2

从以上水文站的实测大断面图可以看出，天然河道过水断面通常是宽浅式或复式断面等不规则断面。

根据水文站点测流断面的河道参数及流量数据，可以绘制流量 Q 与水力半径 R 之间的关系曲线（见图 5-3）。利用式（5-5）确定的生态水力半径 $R_{生态}$，从图 5-3 中即可查得流量，此时的流量即为生态流量，进而得到该断面一段时间内的河道生态需水量。

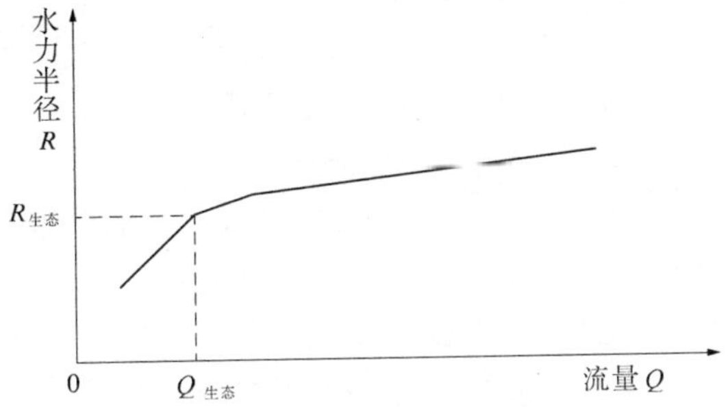

图 5-3 流量 Q 与水力半径 R 的关系

本书提出的估算河道内生态需水量的水力半径法，是利用生态流速通过曼宁公式来确定相应的生态水力半径，然后利用水力半径与流量的关系（$R \sim Q$）来估算河道内满足一定生态目标的生态需水量，这样就避免了用湿周法来确定湿周流量关系（$P \sim Q$）的突变点。可见本书提出的估算河道内生态需水量的水力半径法是水文学（大断面、流量、水位等资料）和水力学（曼宁公式）等两种方法的集成。

5.1.6 雅砻江干流河道内生态需水量的计算结果

5.1.6.1 基本数据的选择

利用水力半径法计算河道内生态需水量，需要计算河道的过水断面面积 A、湿周 P 等基本参数，所以只有同时具有河道实测大断面资料、流量 Q、水位 Z 等资料的年限，方能应用该方法计算河道内生态需水量。本研究选用雅砻江干流河段温波、甘孜和雅江3个站各年的实测大断面资料、月平均水位、月最高水位、月最低水位、月平均流量、月最大流量、月最小流量等水文资料,来计算雅砻江各站各年的河道内生态需水量。

5.1.6.2 计算过程

1)计算生态水力半径

已有资料表明,裂腹鱼亚科鱼类主要分布在海拔3 000m以上的冷水性高原湖河及黄河、长江上游干支流水域。其抗缺氧、耐低温的生物学特性使其在高原水域的分布较为广泛,由于长期的水域隔离演化,其形成了具高原特异性的鱼类区系分布,对高原咸淡水系的生态平衡具有深远意义。一般而言,栖息在咸水湖泊的裂腹鱼亚科鱼类(如青海湖裸鲤)具有生殖洄游习性,即到繁殖季节时,成年个体洄游至入湖淡水河流进行产卵,结束产卵后又返回咸水湖泊,其生长发育始终依赖咸水湖泊的生境。但是,分布在江河及其支流的裂腹鱼亚科鱼类其生长发育和繁殖始终在淡水中进行,在环境适宜、水流量无季节性变化时,其常就近选择水流缓慢、水质清澈、多砂砾的水域中进行产卵。如中华裂腹鱼和重口裂腹鱼略具生殖洄游习性,即就近无法找到适宜的产卵场时,进行短程洄游选择更适宜的产卵场地。而其他研究区裂腹鱼亚科鱼类并无生殖洄游习性。产卵场多为河道水深1m左右的缓流处,水底多卵石或砂砾,水温10℃左右。

鳅科鱼类多栖息于环流湖泊或沼泽地多植物丛生的浅水处,或栖息于大江小河岸边浅水处,底质为细砂、砾石。它们常停留在石砾缝隙之间或游至流水表层,以落入水中的昆虫或水生动植物为食。繁殖旺季一般在4~7月份,产卵场选择多砂石或河岸边浅水处,无生殖洄游习性。

虎嘉鱼以高原鳅属鱼类、水生昆虫及藻类和植物为食,多栖息于激流深潭中,每年3~4月份,成双前后追逐,进行繁殖活动。冬季潜入深沱或南下。据周仰景(1984)报道,本种产卵场位于河流上下游均有急流深水的近岸缓流区,底为砂或砾石,水深15~80cm,水温4~10℃。本种筑巢产卵,巢直径150~300cm,巢内水流速为0.4~0.6m/s。据了解，研究区内虎嘉鱼每年河流开冰后，在4月份成对上溯到阿坝县柯河林场流域和玛柯河大桥附近至班玛林场流域进行产卵活动。

分布于研究区内的鮡科鱼类多生活在急流多石的场所，常贴附于石上，用匍匐的方式，从一处转移到另一处，移动较缓慢。杂食性，主要以水生昆虫及其幼虫为食。卵多产于急流的乱石缝中。排出的卵常粘连成片地附于石块或砂砾上。

根据前文所述的计算步骤，首先确定满足河道内水生生物生活栖息的生态流速 $v_{生态}$，不同鱼类的洄游流速不同，一般为0.4～2.5m/s。根据实地调查和文献资料得知，该河流中的鱼类主要为软刺裸裂尻鱼、厚唇裸重唇鱼、短须裂腹鱼、青石爬鮡等，这4种鱼类占渔获物重量百分比的91.67%，另外3种鱼类裸腹叶须鱼、细尾高原鳅和拟硬刺高原鳅占渔获物重量百分比仅为8.33%。又根据保护虎嘉鱼的需要，其生态流速采用0.7m/s或0.8m/s，根据河道糙率、河道的水力坡度等计算过水断面的生态水力半径（见表5-2）。

表5-2　各水文站河段的水力参数

流域	水文站	糙率	水力坡度	生态流速(m/s)	生态水力半径(m)
雅砻江	温波	0.023	10/10 000	0.7	0.363 3
	甘孜	0.028	11/10 000	0.7	0.454 3
	雅江	0.034	31/10 000	0.8	0.341 5

2）确定流量与水力半径的关系

利用实测大断面资料、水位资料，即可求得不同水位条件下的河道过水断面的水力半径（见图5-4）。

根据流量序列（见图5-5）和上述计算的水力半径，即可求得流量与水力半径的关系。利用幂函数进行拟合，得到2003年水力半径与流量的统计函数关系如图5-6所示，相关系数为0.926 2。

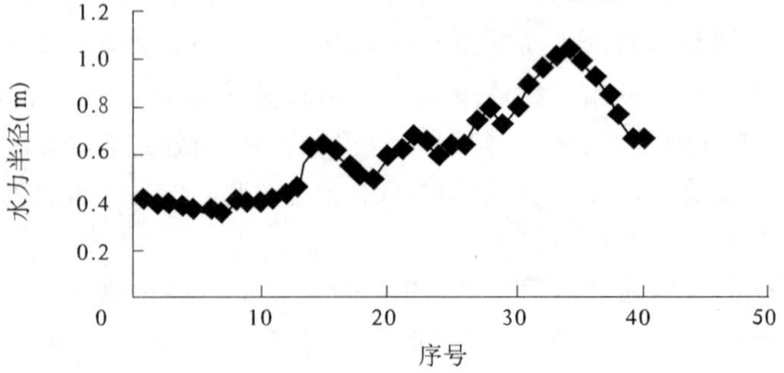

图 5-4　温波水文站河道过水断面水力半径(2003 年)

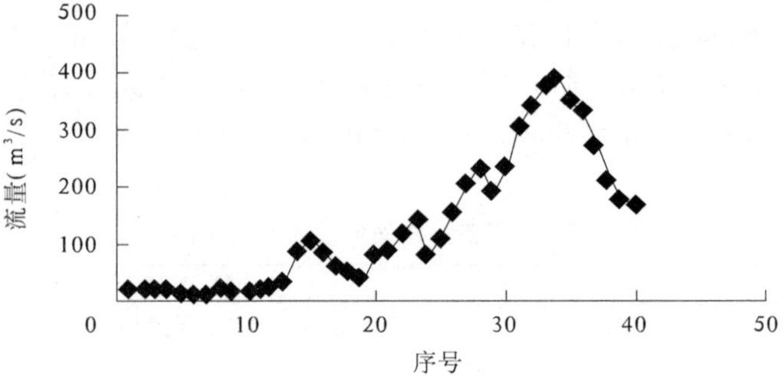

图 5-5　温波水文站流量与序列关系(2003 年)

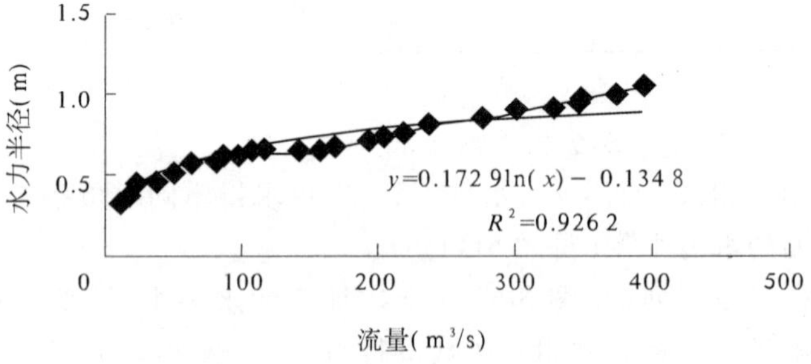

图 5-6　温波水文站流量与水力半径关系(2003 年)

3)生态需水量的计算

本书的生态需水量用流量来表示。根据上面计算的生态水力半径和温波、甘孜、雅江站水力半径与流量的统计函数关系(见图 5-7 ~ 图 5-9),计算即可得到温波(1992 ~ 2002)、甘孜(1980 ~ 1986)、雅江(1992 ~2004)各站逐年的满足水生生物生活和栖息的河道内生态需水量(见表 5-3 ~ 表 5-5)。取其平均值作为各站的生态需水量,分别为温波 23.66m^3/s、甘孜 56.94m^3/s、雅江 141.28m^3/s,由甘孜站的生态流量推算到热巴为 45.89m^3/s。

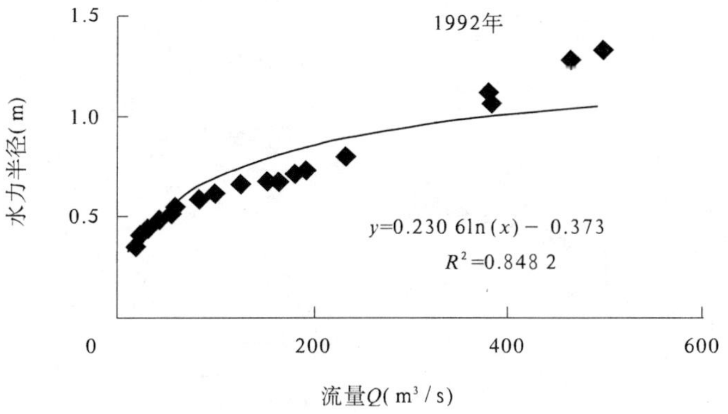

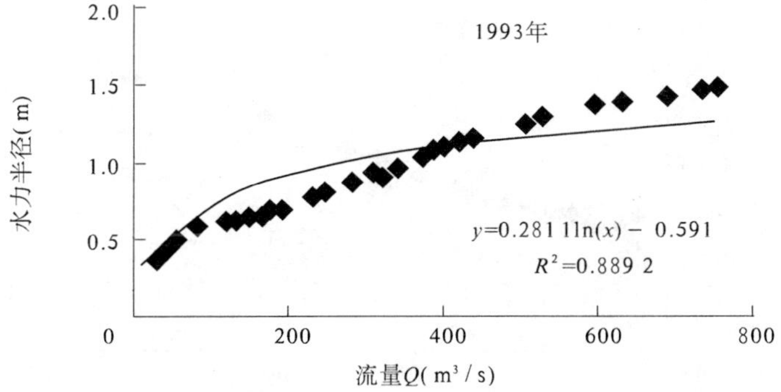

图 5-7　1992 ~ 2002 年温波水文站流量与水力半径关系

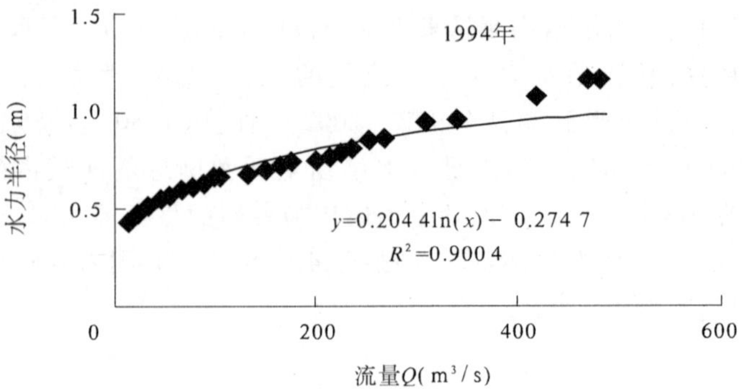
1.5
1994年
1.0
水力半径(m)
0.5
y=0.204 4ln(x) − 0.274 7
R²=0.900 4
0
200
400
600
流量Q(m³/s)

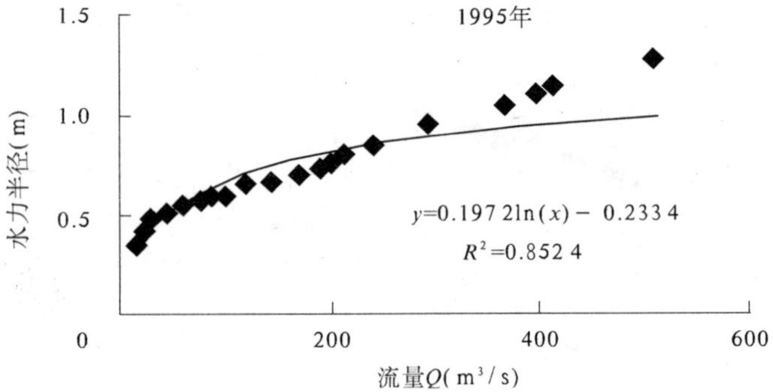
1.5
1995年
1.0
水力半径(m)
0.5
y=0.197 2ln(x) − 0.233 4
R²=0.852 4
0
200
400
600
流量Q(m³/s)

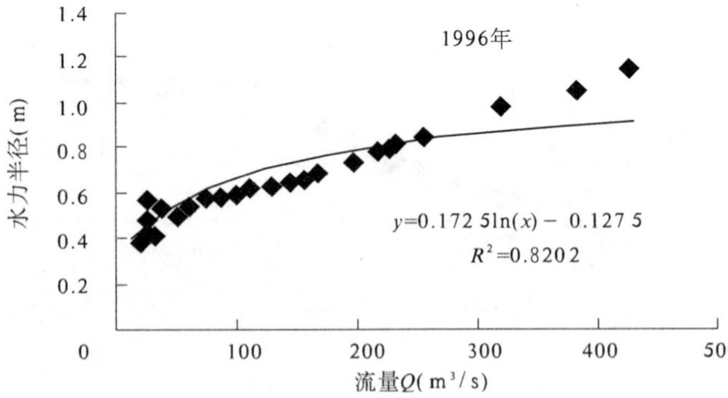
1.4
1996年
1.2
1.0
0.8
0.6
0.4
0.2
水力半径(m)
y=0.172 5ln(x) − 0.127 5
R²=0.820 2
0
100
200
300
400
500
流量Q(m³/s)

续图 5-7

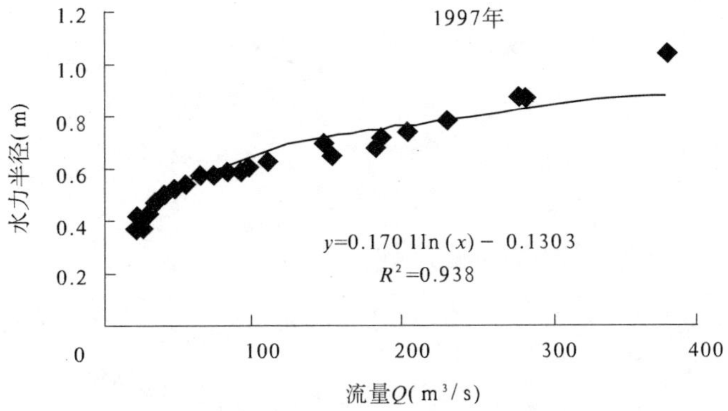
1997年
1.2
1.0
0.8
0.6
0.4
0.2
水力半径(m)
y=0.170 1ln(x) − 0.130 3
R²=0.938
0
100
200
300
400
流量Q(m³/s)

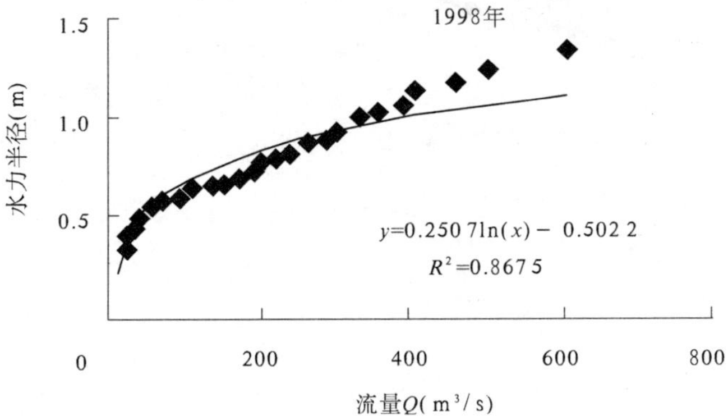
1998年
1.5
1.0
0.5
水力半径(m)
y=0.250 7ln(x) − 0.502 2
R²=0.867 5
0
200
400
600
800
流量Q(m³/s)

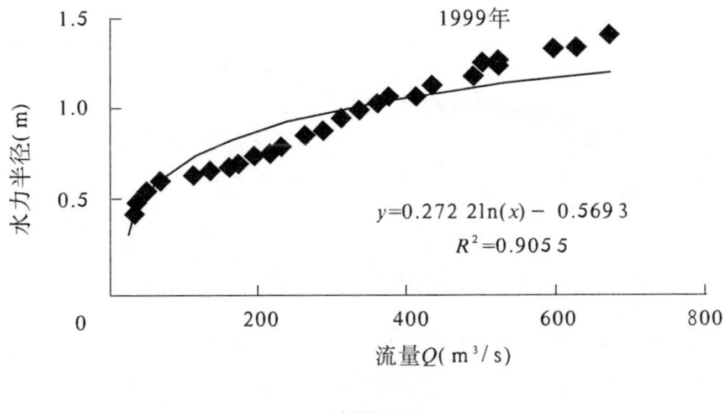
1999年
1.5
1.0
0.5
水力半径(m)
y=0.272 2ln(x) − 0.569 3
R²=0.905 5
0
200
400
600
800
流量Q(m³/s)

续图 5-7

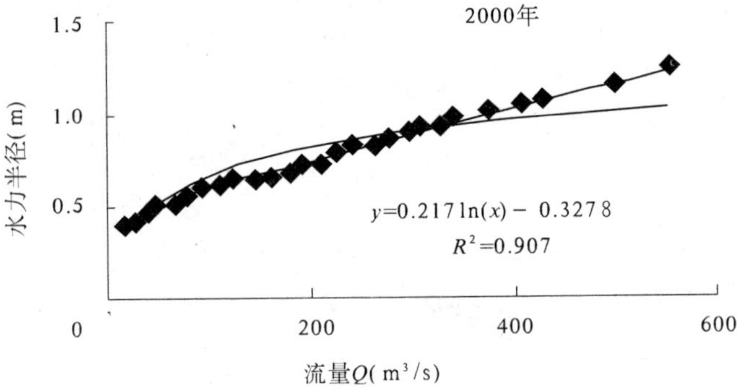
2000年
1.5
1.0
0.5
0
水力半径(m)
y=0.217 1ln(x) − 0.327 8
R²=0.907
200
400
600
流量Q(m³/s)

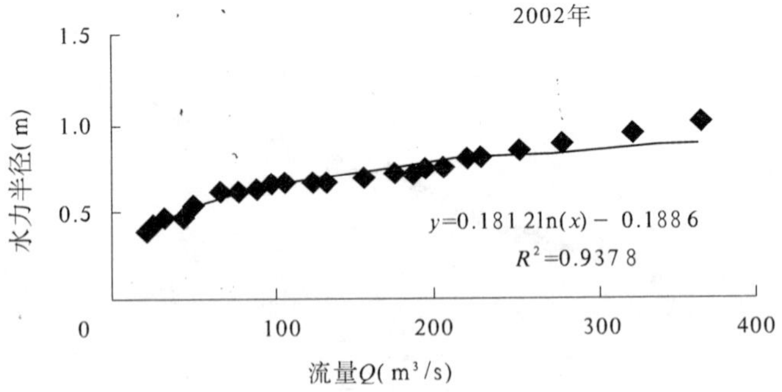
2002年
1.5
1.0
0.5
0
水力半径(m)
y=0.181 2ln(x) − 0.188 6
R²=0.937 8
100
200
300
400
流量Q(m³/s)

续图 5-7

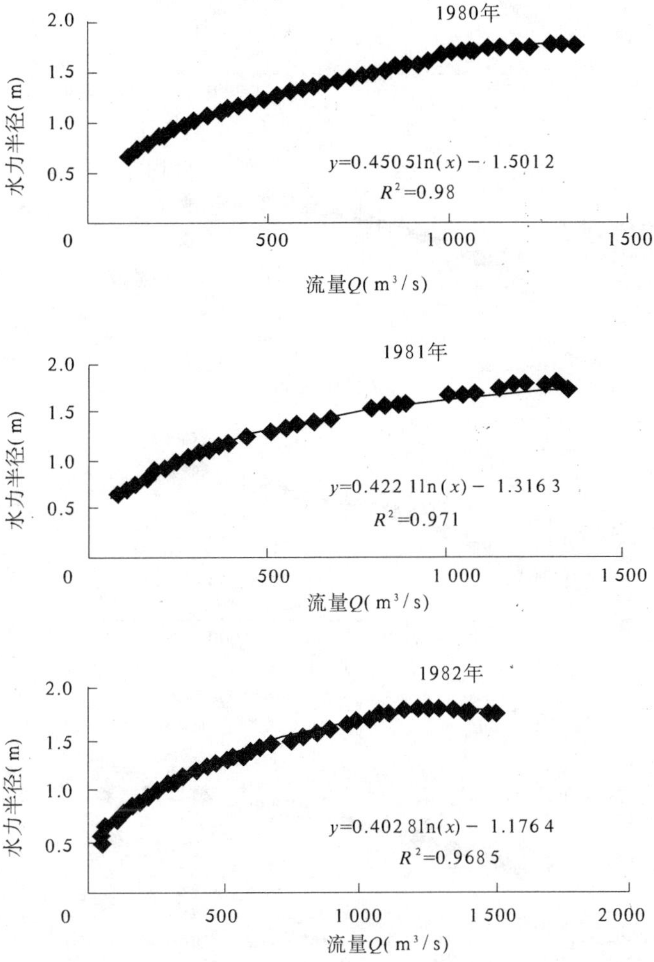

图 5-8　1980 ~ 1986 年甘孜水文站流量与水力半径关系

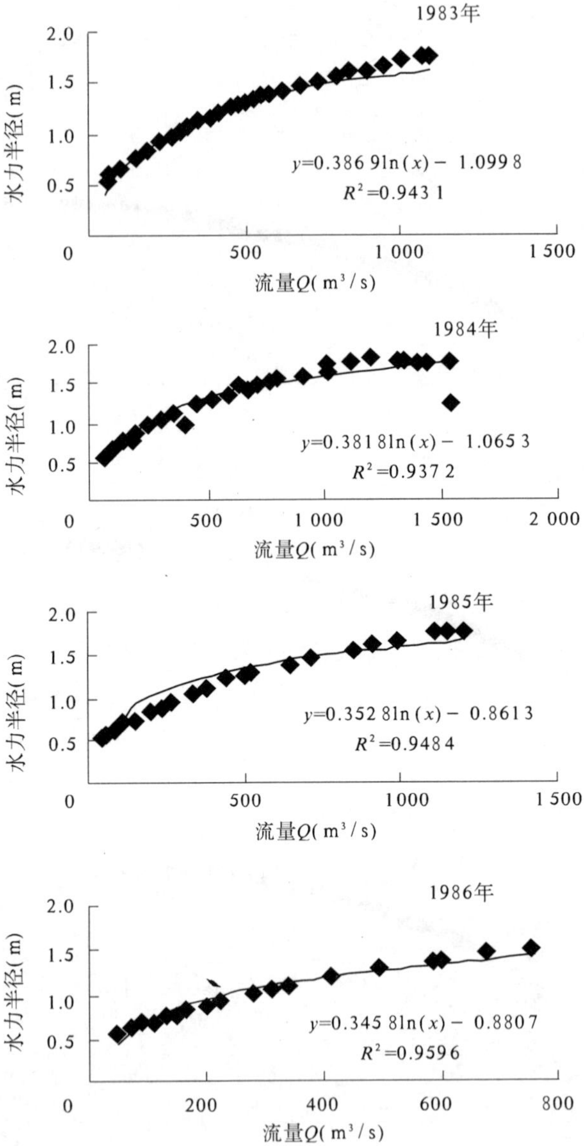
1983年
2.0
1.5
1.0
0.5
0
水力半径(m)
y=0.386 9ln(x) − 1.099 8
R²=0.943 1
500
1 000
1 500
流量Q(m³/s)
1984年
2.0
1.5
1.0
0.5
0
水力半径(m)
y=0.381 8ln(x) − 1.065 3
R²=0.937 2
500
1 000
1 500
2 000
流量Q(m³/s)
1985年
2.0
1.5
1.0
0.5
0
水力半径(m)
y=0.352 8ln(x) − 0.861 3
R²=0.948 4
500
1000
1 500
流量Q(m³/s)
1986年
2.0
1.5
1.0
0.5
0
水力半径(m)
y=0.345 8ln(x) − 0.880 7
R²=0.959 6
200
400
600
800
流量Q(m³/s)

续图 5-8

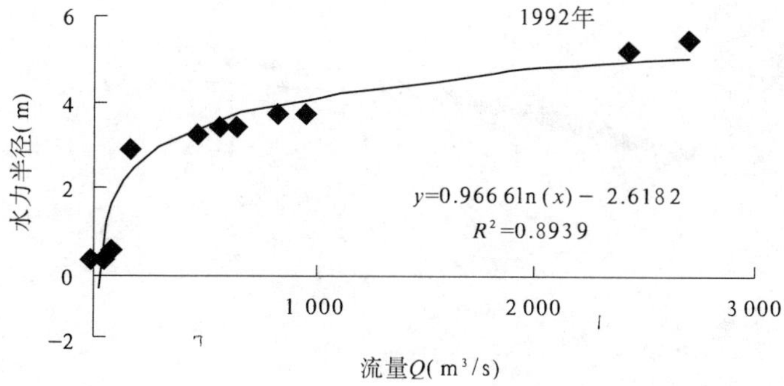

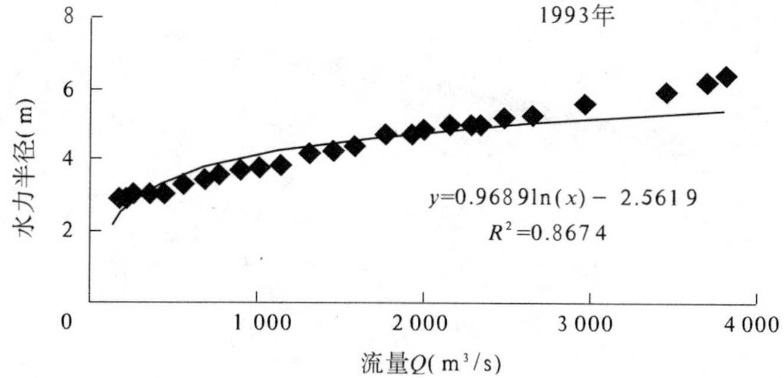

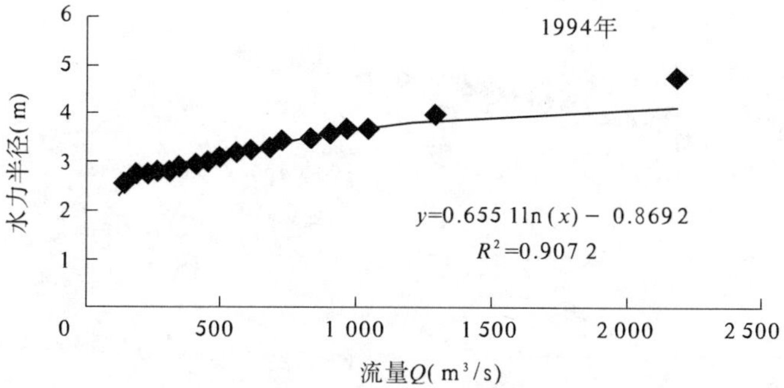

图 5-9　1992 ~ 2004 年雅江水文站流量与水力半径关系

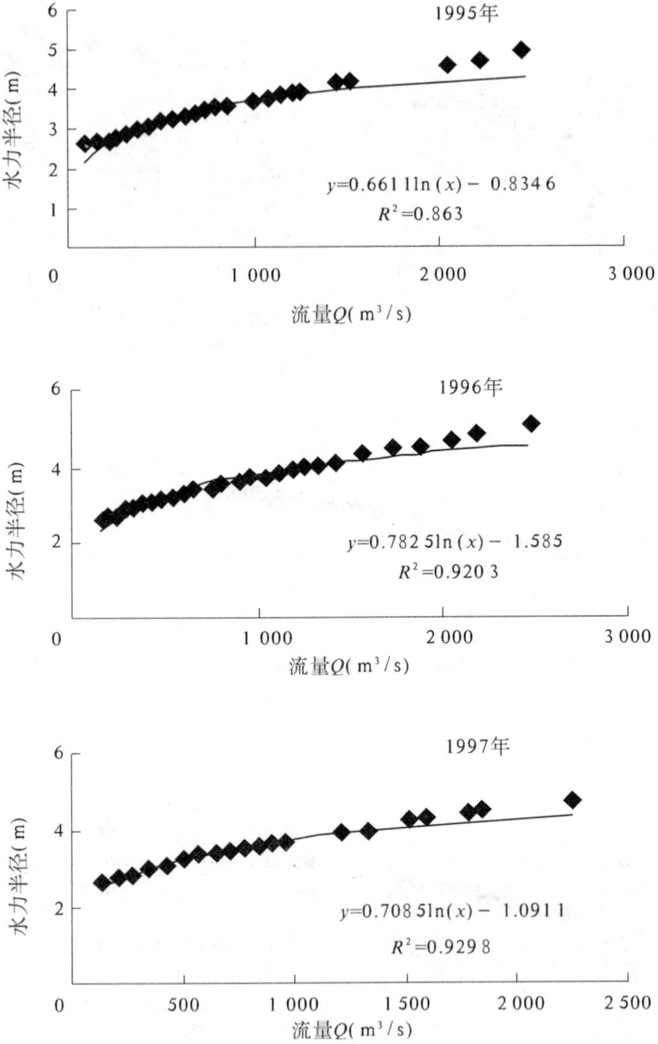
1995年
水力半径(m)
y=0.661 1ln(x) − 0.834 6
R²=0.863
0
1 000
2 000
3 000
流量Q(m³/s)
1996年
水力半径(m)
y=0.782 5ln(x) − 1.585
R²=0.920 3
0
1 000
2 000
3 000
流量Q(m³/s)
1997年
水力半径(m)
y=0.708 5ln(x) − 1.091 1
R²=0.929 8
0
500
1 000
1 500
2 000
2 500
流量Q(m³/s)

续图 5-9

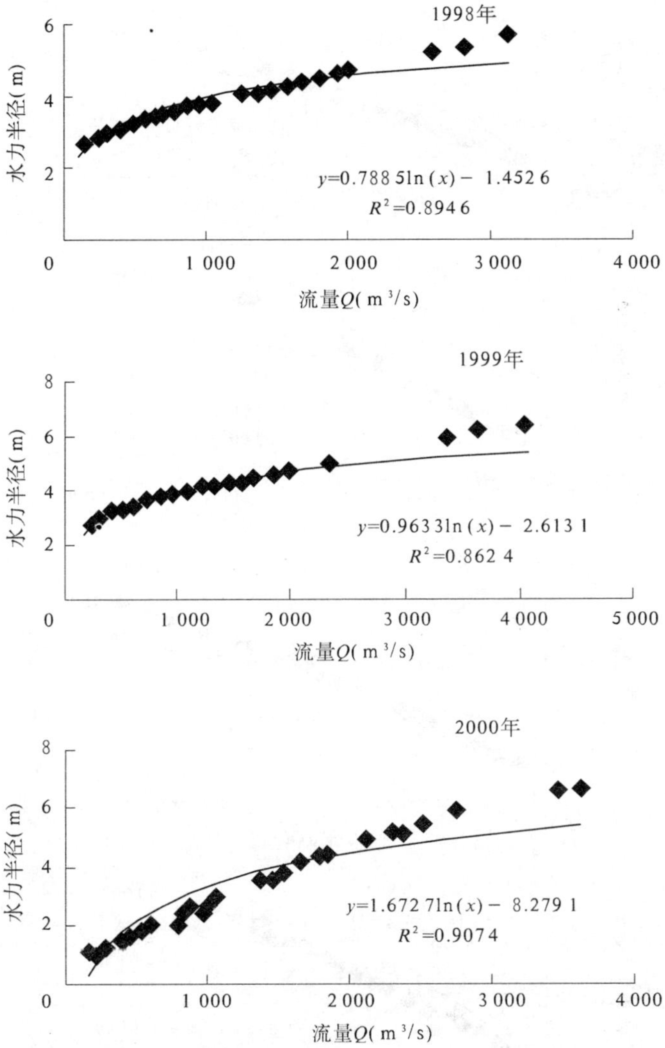

1998年
水力半径(m)
y=0.788 5ln(x)－ 1.452 6
R^2=0.894 6
流量Q(m³/s)
0
1 000
2 000
3 000
4 000
2
4
6
1999年
水力半径(m)
y=0.963 3ln(x)－ 2.613 1
R^2=0.862 4
流量Q(m³/s)
0
1 000
2 000
3 000
4 000
5 000
2
4
6
8
2000年
水力半径(m)
y=1.672 7ln(x)－ 8.279 1
R^2=0.907 4
流量Q(m³/s)
0
1 000
2 000
3 000
4 000
2
4
6
8

续图 5-9

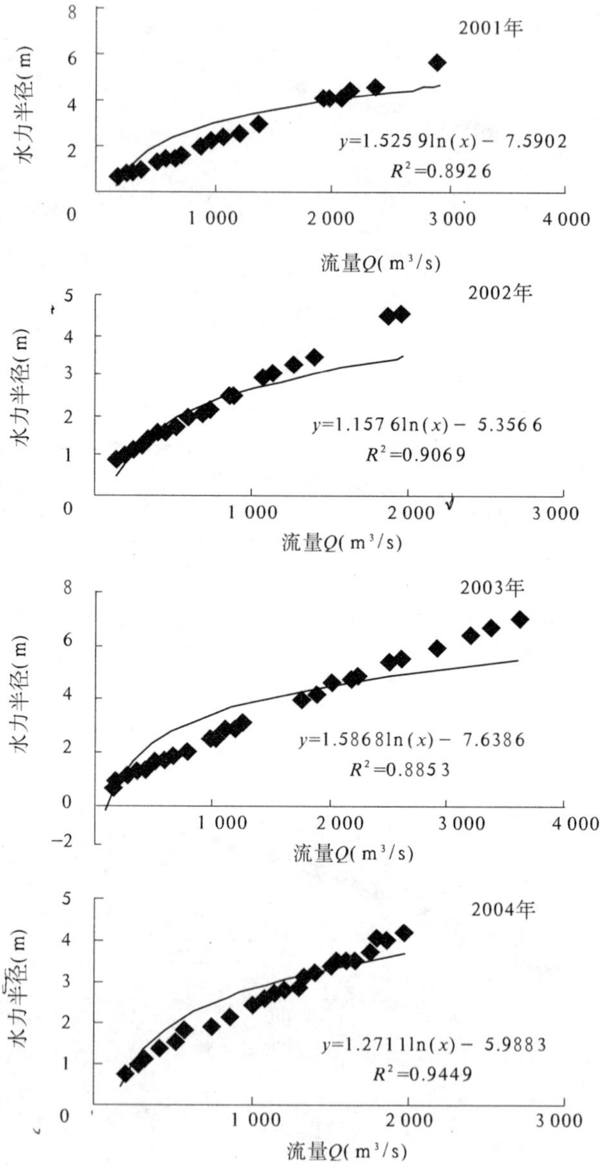
2001年
水力半径(m)
流量Q(m³/s)
y=1.525 9ln(x) − 7.5902
R²=0.892 6
2002年
水力半径(m)
流量Q(m³/s)
y=1.157 6ln(x) − 5.356 6
R²=0.9069
2003年
水力半径(m)
流量Q(m³/s)
y=1.586 8ln(x) − 7.6386
R²=0.885 3
2004年
水力半径(m)
流量Q(m³/s)
y=1.271 1ln(x) − 5.9883
R²=0.9449

续图 5-9

表 5-3　温波站逐年的河道内生态需水量　　（单位：m^3/s）

年份	年平均流量	水力半径法生态流量	Tennant 法生态流量
1992	93.84	24.36	18.77 ~ 28.15
1993	155.56	29.81	31.11 ~ 46.67
1994	84.03	22.68	16.81 ~ 25.21
1995	81.79	20.72	16.36 ~ 24.54
1996	95.31	17.20	19.06 ~ 28.59
1997	74.66	18.21	14.93 ~ 22.40
1998	112.16	31.57	22.43 ~ 33.65
1999	124.08	30.76	24.82 ~ 37.22
2000	132.70	24.16	26.54 ~ 39.81
2002	68.85	21.03	13.77 ~ 20.66
2003	118.47	19.67	23.69 ~ 35.54
2004	83.00	23.74	16.6 ~ 24.9

表 5-4　甘孜站逐年的河道内生态需水量　　（单位：m^3/s）

年份	年平均流量	水力半径法生态流量	Tennant 法生态流量
1980	356.23	76.76	71.25 ~ 106.87
1981	321.37	66.33	64.27 ~ 96.41
1982	321.48	57.31	64.30 ~ 96.44
1983	276.11	55.52	55.22 ~ 82.83
1984	217.84	53.52	43.57 ~ 65.35
1985	313.12	41.64	62.62 ~ 93.94
1986	193.83	47.49	38.77 ~ 58.15

表 5-5　雅江站逐年的河道内生态需水量　　（单位：m^3/s）

年份	年平均流量	水力半径法生态流量	Tennant 法生态流量
1992	581.62	109.88	116.32 ~ 174.49
1993	870.01	168.56	174.00 ~ 261.00
1994	470.44	100.41	94.09 ~ 141.13
1995	566.45	114.39	113.29 ~ 169.94
1996	659.97	130.58	131.99 ~ 197.99
1997	530.61	105.93	106.12 ~ 159.18
1998	755.08	158.01	151.02 ~ 226.52
1999	771.59	159.32	154.32 ~ 231.48
2000	879.06	173.07	175.82 ~ 263.72
2001	712.68	180.91	142.54 ~ 213.80
2002	450.26	137.32	90.05 ~ 135.08
2003	827.07	152.80	165.41 ~ 248.12
2004	735.38	145.45	147.08 ~ 220.61

4)计算结果比较

为了验证该方法计算的结果是否符合实际情况,采用 Tennant 法计算了与水力半径法同期的温波、甘孜、雅江各站河道内生态需水量。

计算标准采用表 5-6 中 Tennant 法对生物栖息地的描述。河道内的最小生态需水量为:一般用水期(8 月到翌年的 4 月)取多年平均月流量的 10% 作为河道内的最小生态需水量,鱼类产卵育幼期(5 ~ 7 月)取多年平均月流量的 30% 作为河道内的最小生态需水量;各站河道内比较适宜的生态需水量为:一般用水期(8 月到翌年的 4 月)取多年平均月流量的 20% 作为河道内的适宜生态需水量,鱼类产卵育幼期(5 ~7 月)取多年平均月流量的 40% 作为河道内的适宜生态需水量。Tennant 法计算的生态需水量见表 5-3 ~ 表 5-5。

表 5-6　Tennant 法对栖息地的质量描述

相应栖息地的定性描述	时期	最大	最佳范围	极好	非常好	好	中	差或最差	极差
推荐的基流占平均流量(%)	一般用水期(8 月 ~ 翌年 4 月)	200	60 ~ 100	40	30	20	10	10	<10
	鱼类产卵育幼期(5 ~ 7 月)	200	60 ~ 100	60	50	40	30	10	<10

从计算的结果可知,水力半径法计算的各站各年的河道内生态需水量基本上处于或接近 Tennant 法所设定的最小和适宜生态需水量之间,而本书 Tennant 法设定的计算标准主要考虑当地的水生生物生活习性及气候特点,符合当地的河流生态与环境条件。可见,应用水力半径法来计算河道内生态需水量是可行的。

5.1.7　小结

(1)在总结国内外关于河道内生态需水量计算方法的基础上,对每种计算方法的参数选择、应用范围、侧重点及优缺点做了深入分析,从目前已有的计算方法来看,还没有一种比较通用的量化所有参数并反映各参数之间相互影响的估算生态需水量的方法。

(2)本方法的创新之处在于,针对河流生态需水特点及其确定的参数要求，运用了一种同时考虑河道本身信息（水力半径）和为了满足其一定生态所需的流速（生态流速）估算生态需水量的方法——水力半径法。通过生态水力半径来推求过水断面面积，进而推求该过水断面生态流量是水力半径法的核心内容。

(3)通过对几种规则几何图形的过水断面面积与水力半径之间关系确定的分析，最终提出应用水力半径法推求适合于天然河道断面生态需水量确定的方法。即确定生态水力半径，绘制流量 Q 与水力半径 R 之间的关系曲线，然后从已绘制的 Q 与 R 之间的关系图查得流量，并进一步确定该断面一段时间内的河道生态需水量。

(4)在使用任何一种已有方法之前，都要对该方法进行仔细的评价，并结合某一特定的河流来对该方法进行测试。

(5)利用新的水力半径法对雅砻江干流温波、甘孜和雅江水文站部分水文年的逐年生态流量进行了估算，结果显示，该方法计算各站的生态流量基本处于 Tennant 法所设定的最小和最适宜生态需水量之间，其主要原因是该方法更多考虑了当地河流满足鱼类对流速的要求，故所得的结果符合该调水区的实际情况。

(6)本研究只是对估算河道内生态需水量的方法做一定理论和方法方面的探索工作，该方法的适用性如何需要将来研究工作中大量的实例来对其进行验证，该方法可能存在一定的缺陷，需要在将来的研究工作中进一步丰富和完善。

5.2 生境模拟法

5.2.1 原理

生境模拟法是利用水生生物和河道水力参数来共同确定河道内所需要的合理生态流量。一般从娱乐、经济和生态角度选择代表性鱼类来评价环境变化或工程对径流的影响，用生境适宜性标准来描述每一鱼类物种每一生长发育阶段（鱼苗期、产卵期、幼年期和成年期）的水深、流速、底质、盖度等的生境要求情况；水深、流速、底质状况、盖度用来代表河流中鱼类对生境的可利用性，调查分析代表性物种对水深、流速等的适宜要求，确定水深、流速等环境适宜性指数（被表示为 0 ~ 1 之间的值）。水深和流速的测值以及底质和盖度的描述与生境适宜性标准结合起来评价鱼类物种和不同的生长发育阶段对一系列径流的生境适宜性，用生境有利的可用面积（WUA，m^2/1 000m）表示生境适宜性。自然条件下可利用生境的数量与改变后可利用生境的数量相比较来评价条件改变对生境的影响，以此确定河道内合理的生态流量。

生境模拟法选择鱼类作为指示物种，一方面由于鱼类处于水生生物群落食物链的顶层，对环境的变化最为敏感，作为顶级群落的鱼类，对其他类群的存在和丰度有着重要作用；另一方面，它与人类的关系十分密切，对人类有着食物、科研、美学价值等作用。流量、栖息地和鱼种产量之间的关系十分密切，在缺少种群数量记录的情况下，可以通过建立可利用的栖息地的数量和质量与流量之间的关系，评价流量变化和栖息地管理对鱼类栖息地的影响。鱼类栖息地是指鱼类能够正常生活、生长、觅食、繁殖以及进行生命循环周期中其他重要组成部分的环境总和。影响鱼类生存的因素包括非生物因素和生物因素。非生物因素主要包括：微生境（microhabitat）因素水深、流速、基质、覆盖物，中生境（mesohabitat）因素河道形态（深潭、浅滩、急流等），大生境（macrohabitat）因素水质、水温、浊度和透光度等。生物因素主要包括食物链的组成和食料丰度等。通常所说的栖息地是指物理栖息地。

5.2.2 河流水生生物生产量与水体水量之间的关系

据调查研究，一般情况下，河流水生生物生产量与水体水量之间存在如下关系（门宝辉等，2005）：

（1）河道内径流为 50% 保证率河道流量的 60%（即 40% 为河道外耗水，对于调水河流即为可调水量），这是为大多数水生生物在主要生长期提供优良至极好的栖息条件所推荐的基本径流量。在这种流量条件下，河宽、水深及流速将为水生生物提供优良的生长环境，大部分河道，包括许多急流浅滩区将被淹没，大部分河岸滩地将成为鱼类所能游及的地带，也将成为野生动物安全的穴居区，大部分旋涡、急流和浅滩将基本淹没于水下,为鱼类提供优良的繁殖和生长环境。岸边植物将有充裕的水量,在任何浅滩区,鱼类的洄游将不成问题。无脊椎动物种类繁多,数量丰富。

(2)河道内径流为50%保证率河道流量的30%(即70%为河道外耗水),这是保持大多数水生动物有良好的栖息条件所推荐的基本径流量。在此流量下,河宽、水深及流速一般令人满意。除极宽浅滩外,大部分河道将淹没于水下。许多河岸将成为鱼类的活动区,也可为野生动物所穴居。河流的许多聚流和大部分旋涡区的深度将足以作为鱼类的活动场所。大鱼可通过急流浅滩区和河段的大部分区域,水温预计不会成为鱼类活动的约束条件。无脊椎动物将有所减少,但预计不会成为捕鱼量减少的控制因素。河流及天然景色基本令人满意。

(3)河道内径流为50%保证率河道流量的10%(即90%为河道外耗水),这是保持大多数水生生物短时间生存所推荐的最低瞬时径流量。在这种流量条件下,河宽、水深和流速将显著减少,水生生态环境恶化,河道或正常湿周近一半露出水面;宽浅滩露出部分将会更多,边槽将大部分或全部干涸,卵石、沙坝也基本干涸无水。许多正常的湿润区水深将变浅,以致鱼类不能在此活动而一般只能集中于较深的水坑中,岸边植物将会缺水,大鱼遇到浅滩处将有困难洄游到上游。

根据以上关系可知,要维持河流大部分水生生物基本的、良好的生存条件所需的河道最小生态径流量,可定为河流下游某断面50%保证率的月平均流量的30%。

5.2.3 生境模拟法的方法步骤(Shulders et al,1993;英晓明等,2006)

栖息地模拟过程为:微生境模拟、大生境模拟、栖息地整合和确定栖息地时间序列。

5.2.3.1 微生境模拟

微生境模拟模型以物理栖息地模拟模型PHABSIM(Physical Habitat Simulation Model)为主,随着研究的不断深入,又出现了RHABSIM、

EHVA、RHYHABSIM 和 River 2D 等模型。各种模型模拟栖息地的思想基本相同，下面以 PHABSIM 模型为例介绍微生境模拟过程。

1）准备工作

（1）确定研究物种。首先确定在被选河流中要研究的典型鱼种及其生命阶段，然后绘制该鱼种的生命阶段历史的周期图表，以此明确研究的时间和物种生命阶段。

（2）确定河段和设置断面。研究河段设在鱼种对流量敏感的地区，依据鱼种中生境类型设置断面。

（3）栖息地映射（mapping）。栖息地映射用于通过计算在研究区域内中生境类型（深潭、浅滩等）的比例，决定在评价每个河段的栖息地可利用面积（WUA）时，不同断面应赋予的权重。

（4）划分单元。一个断面内划分成间隔相等的若干个单元，一般划分的单元应包含河道形态变化明显的地方。

（5）测定流量。在水文站处测定至少 3 个流量，通常选择年内高、中和低流量作为率定流量。

（6）数据采集。沿断面与河流垂直方向，测定每个单元中线处的水深、流速、基质（substrate）、覆盖物（cover）的组成和河床底高程以及每个断面的水质和水温。为便于计算，用数字表示基质和覆盖物的不同组成。对于鱼种的取样，依栖息地适宜性标准而定，将在确定适宜性标准中阐述。

2）确定适宜性标准

栖息地适宜性指标 HSI（Habitat Suitability Indices）定量一个物种的特定行为，其模拟的真实性和准确性对于栖息地模拟的成功起着关键的作用。栖息地适宜性标准将鱼种的数量和微生境影响因子（水深、流速、基质和覆盖物）关联，用 0 ~ 1 之间的数值表示影响因子对鱼种的影响，对于影响因子最适宜鱼种生存的情况，赋予数值为 1；最不适宜鱼种生存的情况，赋予数值为 0。栖息地适宜性标准有 3 种：二元格式，单变量格式和多变量格式。二元格式只有两个值，影响因子适宜鱼种生存的范围对应数值为 1，不适宜对应数值为 0。单变量格式克服了二元格式缺少中间状态的缺点,是单个影响因子的适宜性连续曲线。多变量格式同时计算一个计算单元内几个变量的适宜性值。单变量适宜性曲线是普遍应用的格式。但目前研究工作也应用了双变量格式和多变量格式。双变量格式考虑水深和流速之间的相关性,采用回归方法拟合成双变量函数。多变量格式应用了模糊理论。多变量格式考虑影响因子之间的相关性,符合实际情况,具有较好的应用性。尽管多变量格式有多种优点,但 PHABSIM 并不支持多变量格式。

3)水力模拟

PHABSIM 以一维水力学公式为基础进行水力模拟,模拟水深和流速,适用于断面和水力糙率变化缓慢的稳态水流。水深的计算来自程序中模拟的水表面高程。水位模拟假定同一断面的水表面高程相同,其模拟有 3 种方法,即水位流量关系法、曼宁方程法、水表面轮廓法。流速使用曼宁方程进行模拟。

4)栖息地模拟

栖息地模拟基于以下假定:①栖息地适宜性是流量的函数,且与物种数量之间存在一定的比例关系;②水深、流速、基质和覆盖物是流量变化对物种数量和分布造成影响的主要因素,它们之间相互影响,共同确定河流微生境条件;③河床形状在模拟的过程中保持不变。栖息地模拟利用栖息地适宜性曲线得到每个单元影响因子的组合适宜性值,利用公式(5-10)计算研究河段总的微生境适宜性,并称其为加权可利用面积 WUA(Weighted Usable Area):

$$WUA = \sum CSF(Vi,Di,Ci) \times Ai/\text{河段长度} \tag{5-10}$$

式中:WUA 是研究河段每单位长度的微生境适宜性;$CSF(Vi,Di,Ci)$ 是每个单元影响因子的组合适宜性值,C 是河道指标,包括基质和覆盖物;Ai 是长度为有效断面距离的每个单元水平面积。栖息地组合适宜性值确定有 3 种公式:

$$CSFi = Vi \times Di \times Ci \tag{5-11}$$

$$CSFi = (Vi \times Di \times Ci)^{1/3} \tag{5-12}$$

$$CSFi = \mathrm{MIN}(Vi,Di,Ci) \tag{5-13}$$

公式 (5-11) 将影响因子的适宜性值相乘，体现了它们的综合作用结果。公式(5-12)考虑当某一影响因子较为不利时，组成栖息地值影响因子之间的补偿影响。公式(5-13)将最不适于鱼种生存的影响因子适宜性值作为组合适宜性值。

5.2.3.2 大生境模拟

大生境模拟主要模拟水温、溶解氧、氨氮、有毒物质等。在鱼类的生活条件中，温度是一个极其重要的因素。温度是影响鱼类产卵和饲养的适宜性的重要水质参数。鱼类成熟和产卵开始的时期，主要取决于水温的高低，一般都在 18℃ 开始产卵。水温可以用 SSTEMP 模型模拟。而其他如氨、氮等物质，含量过高会引起富营养化，影响鱼类等水生生物的生存。水质模型比较多，如 QUAL－2E 等。

5.2.3.3 栖息地整合

将大生境和微生境模拟结果整合到一起，有二元法和数值法两种方法。

1) 二元法

二元法是整合大生境和微生境的最简单的方法。在这种方法下，大生境适宜性标准是二元格式，即要么适宜要么不适宜。此时，在每个模拟流量下，从大生境模型中得到的结果是目标物种的适宜河段长度。对于研究的河流部分，总的栖息地面积计算如下：

$$HA = SL \cdot WUA \tag{5-14}$$

式中：HA 是在流量 Q 下研究河流的目标物种总的栖息地适宜面积，m^2；SL 是在流量 Q 下有适宜的水质和水温的河流长度（同时满足水温和水质适宜），km；WUA 是在流量 Q 下物种的每单位长度的微生境适宜性面积，m^2/km。

2) 数值方法

数值方法使用单变量格式的标准，该方法的适宜性值在 0 和 1 之间连续变化。变化的数值范围允许多种标准的使用。以水温为例，为了将给定流量下的大生境和微生境整合到一起，首先确定需要考虑温度的河流长度（例如 1km）。温度适宜性值由温度标准曲线内插得到，用于计算该段河流的总的栖息地：

$$HA_{(Q)} = \sum (WUA_{(Q)})(SI_{(Q,i)})(L_i) \quad (5\text{-}15)$$

式中：$HA_{(Q)}$是在流量 Q 下河段总的栖息地适宜面积；$WUA_{(Q)}$是在流量 Q 下单位长的微生境适宜性面积；$SI_{(Q,i)}$是在流量 Q 下第 i 小段河流的温度适宜性值；L_i 是第 i 小段河流的长度。

5.2.3.4 确定栖息地时间序列

将不同流量下的总的栖息地可用面积计算好以后，便可以绘制 *HA* 与流量关系曲线。利用流量与时间的关系和栖息地可用面积与流量之间的关系，可以得到栖息地可用面积与时间的关系和栖息地可用面积持续时间曲线。产生栖息地时间序列可以使用 TSLIB 模型，或者自己编写程序。*HA* 与流量之间呈非线性关系，曲线的峰值对应的流量是鱼类某一生命阶段的最佳需水量。尽管 *HA* 和流量之间的关系可以直接使用，尤其对栖息地修复评价十分有用，但最佳需水量持续时间短。实测表明，该流量仅占一个月时间的 10% ~15%，持续时间短暂的栖息地对于鱼种来说，并没有多大的意义，因此要建立栖息地可用面积持续时间曲线。从栖息地可用面积与时间关系曲线上，可以看出超过某一水平的 *HA* 在给定时间内分布的概况。从栖息地可用面积持续时间曲线上，可以得到某一时间保证率的 *HA*，进而得到 *HA* 对应的一个低流量，便于水资源规划使用。以下按照简化的步骤来进行雅砻江干流的生境栖息地模拟。

5.2.4 计算结果

根据 2006 年 4 ~5 月对雅砻江的外业调查，软刺裸裂尻鱼、厚唇裸重唇鱼、裸腹叶须鱼、短须裂腹鱼和青石爬鮡栖息地的水深为 1 ~3m，流速变幅较大，为 0.45 ~1.74m/s，鱼类对不同流速和水深有一定的要求，故满足一定的水深和流速对其种群繁衍就显得尤为重要。据此确定雅砻江干流主要鱼类物种的生境适宜性指数见表 5-7。

表 5-7 雅砻江干流主要鱼类生境适宜性指数的确定

流速(m/s)	适宜性权重	水深(m)	适宜性权重	水深(m)	适宜性权重
0.45~1.74	1	1~3	1	6.5~7	0.6
1.74~2	0.95	3~3.5	0.95	7~7.5	0.55
2~2.5	0.9	3.5~4	0.9	7.5~8	0.5
2.5~3	0.85	4~4.5	0.85	8~8.5	0.45
3~3.5	0.8	4.5~5	0.8	8.5~9	0.4
		5~5.5	0.75	9~9.5	0.35
		5.5~6	0.7	9.5~10	0.3
		6~6.5	0.65	10~10.5	0.25

根据实测流量、流速与水深资料和据之确定的生境适宜性指数，得出温波、甘孜、雅江水文站流量与生境可利用面积之间的模拟曲线（见图 5-10 ~ 图 5-12），以生境可利用面积最大值作为各站河道内的生态需水量（见表 5-8 ~ 表 5-10）。取其平均值作为各站的生态需水量，分别为温波 20.19 ~ 32.22m^3/s、甘孜 56.91 ~ 84.48m^3/s、雅江 131.21 ~ 198.85m^3/s，由甘孜站的生态流量推算到热巴为 45.87 ~ 68.08m^3/s。

可见，生境模拟法与 Tennant 法计算的生态流量区间基本吻合或接近，说明生境模拟法的结果符合保护水生生态环境的实际。

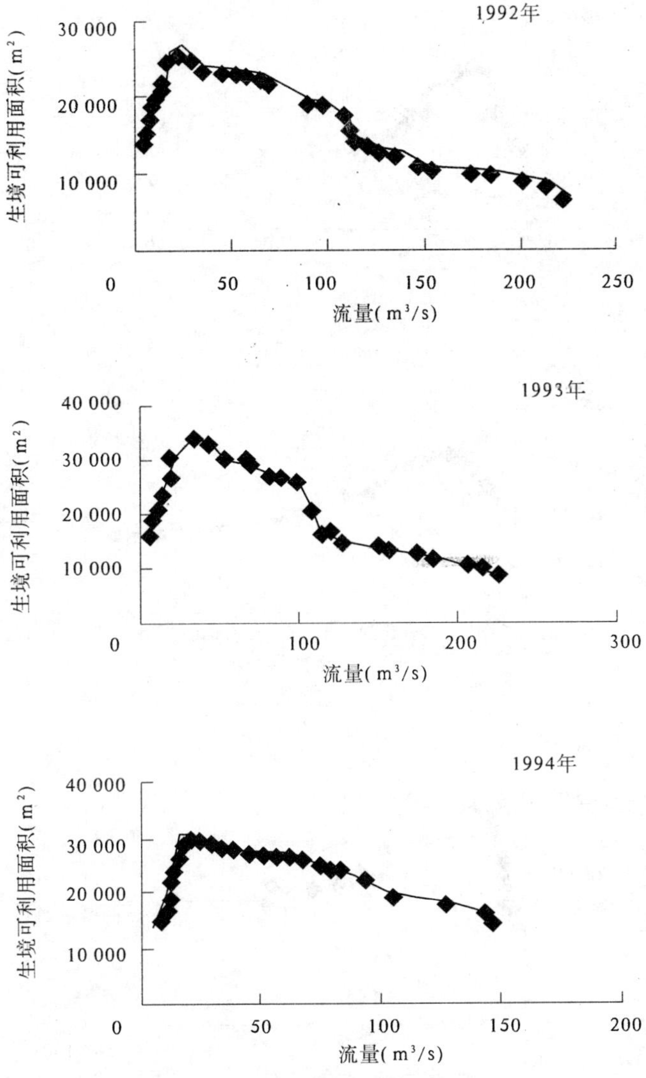

图 5-10　温波水文站流量与生境可利用面积之间的模拟曲线

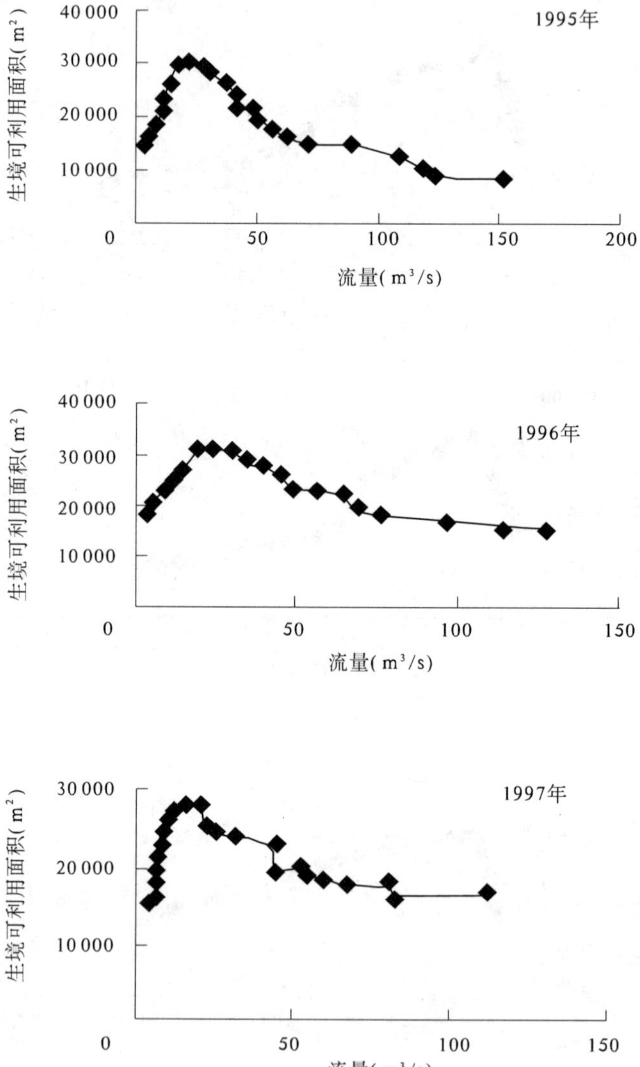
1995年
生境可利用面积(m²)
40 000
30 000
20 000
10 000
0
50
100
150
200
流量(m³/s)
1996年
生境可利用面积(m²)
40 000
30 000
20 000
10 000
0
50
100
150
流量(m³/s)
1997年
生境可利用面积(m²)
30 000
20 000
10 000
0
50
100
150
流量(m³/s)

续图 5-10

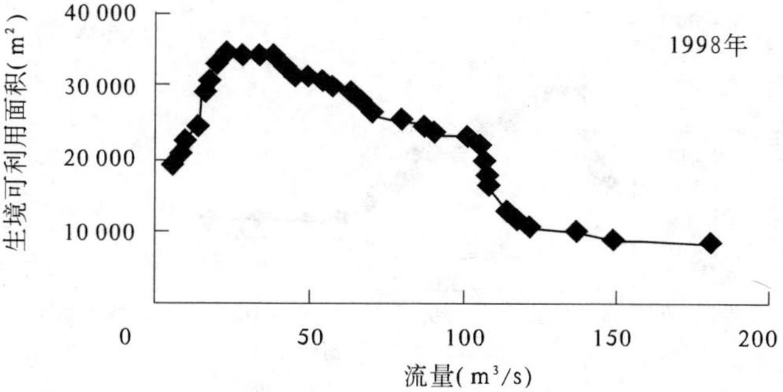
40 000
30 000
20 000
10 000
生境可利用面积(m²)
1998年
0
50
100
150
200
流量(m³/s)

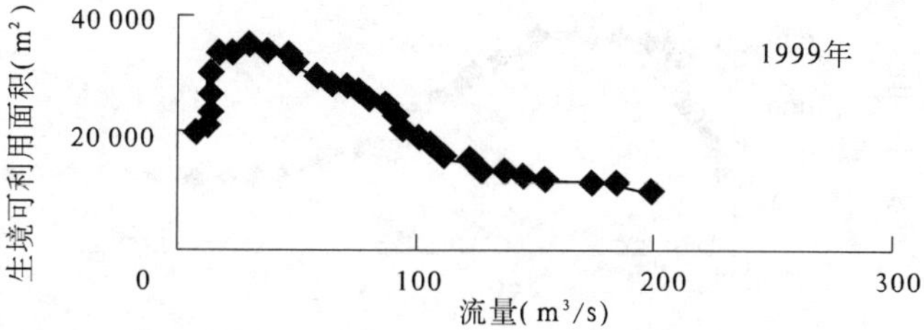
40 000
20 000
生境可利用面积(m²)
1999年
0
100
200
300
流量(m³/s)

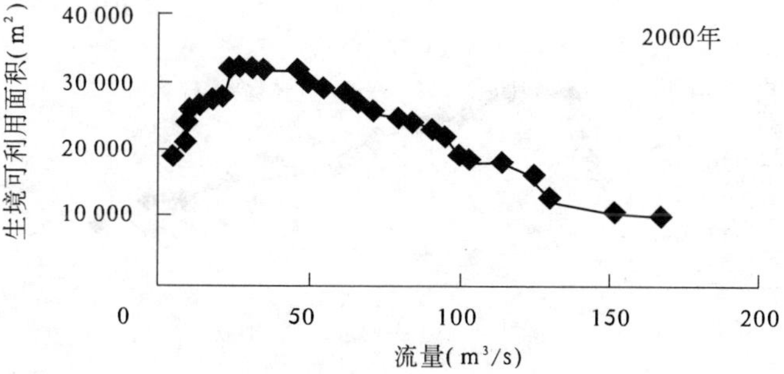
40 000
30 000
20 000
10 000
生境可利用面积(m²)
2000年
0
50
100
150
200
流量(m³/s)

续图 5-10

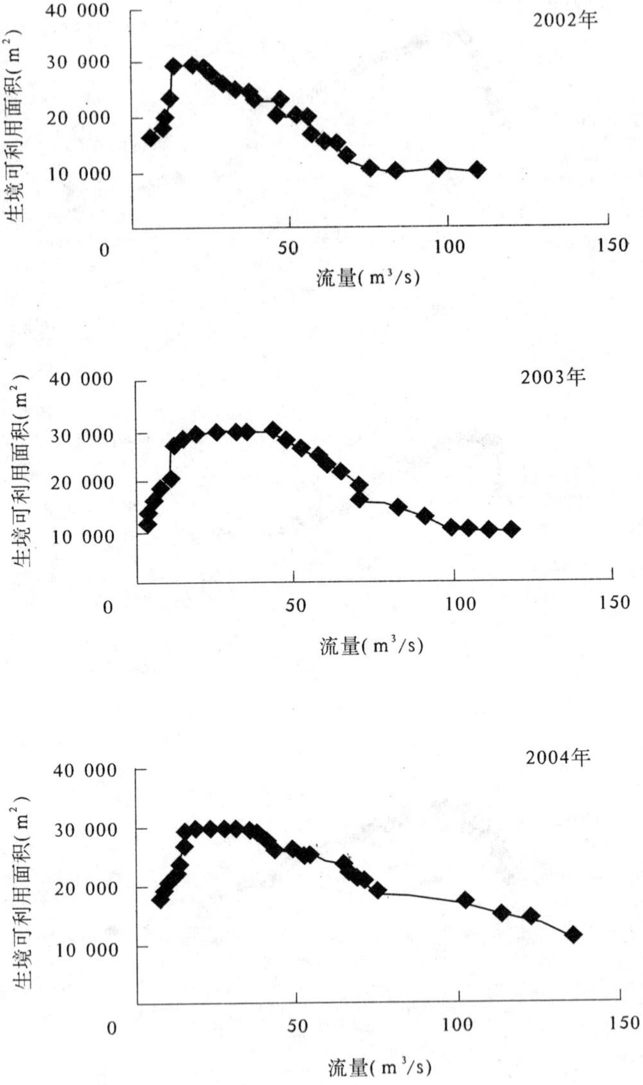
2002年
生境可利用面积(m²)
40 000
30 000
20 000
10 000
0
50
100
150
流量(m³/s)
2003年
生境可利用面积(m²)
40 000
30 000
20 000
10 000
0
50
100
150
流量(m³/s)
2004年
生境可利用面积(m²)
40 000
30 000
20 000
10 000
0
50
100
150
流量(m³/s)

续图 5-10

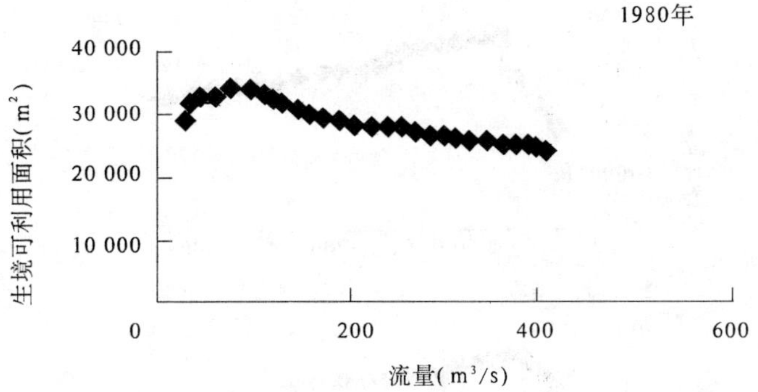

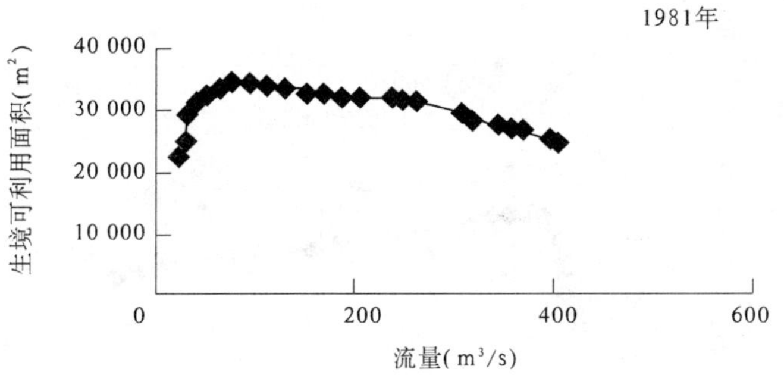

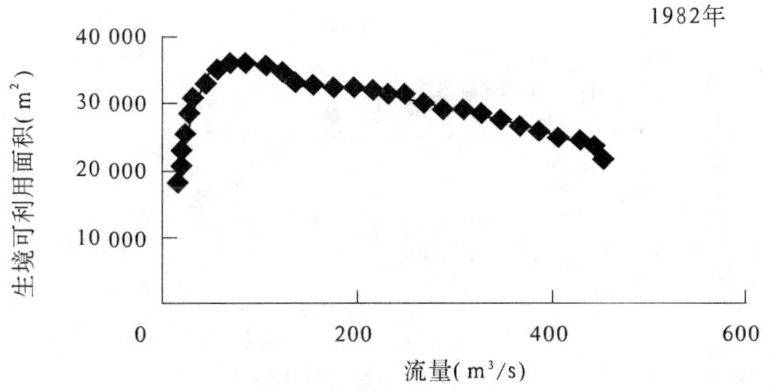

图 5-11　甘孜水文站流量与生境可利用面积之间的关系曲线

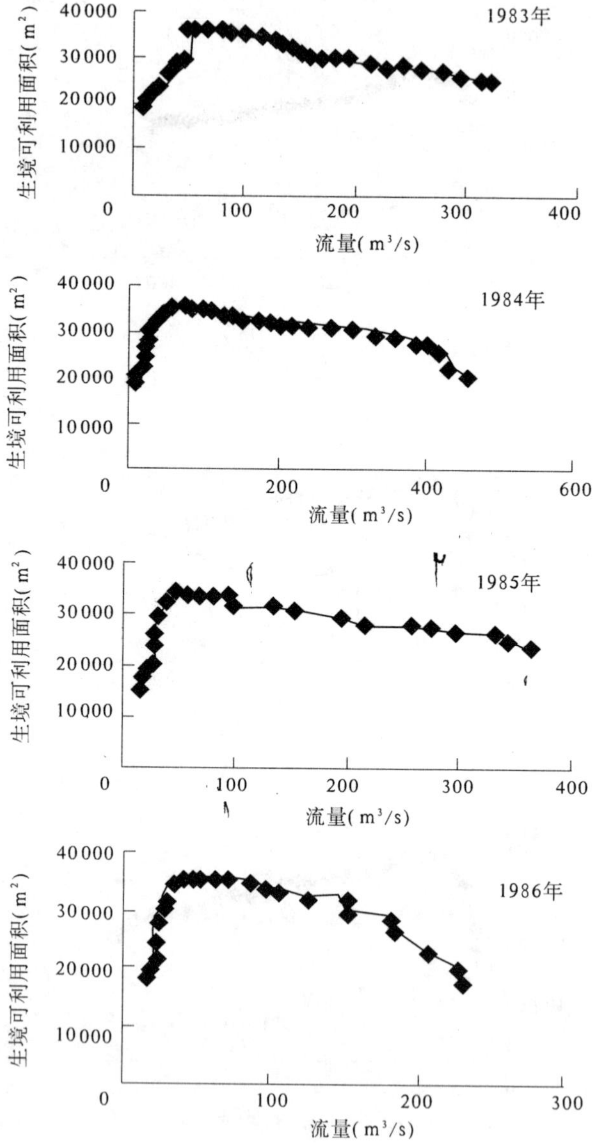
1983年
1984年
1985年
1986年
生境可利用面积(m²)
流量(m³/s)
40000
30000
20000
10000
0
100
200
300
400
600

续图 5-11

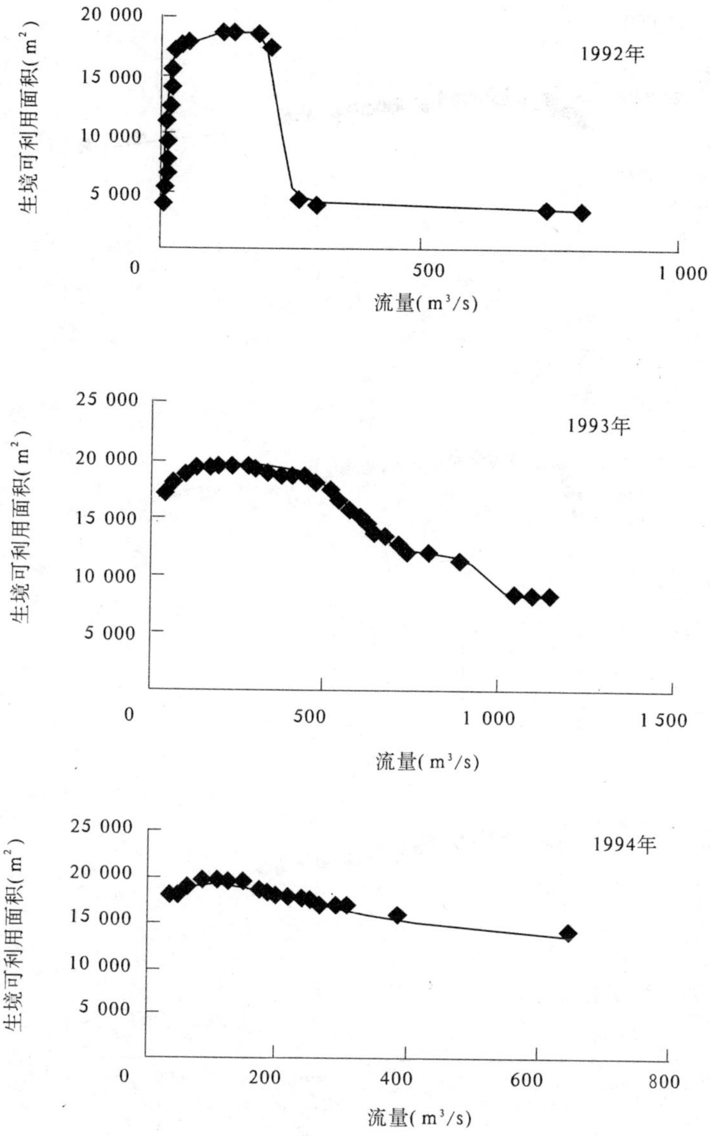

图 5-12　雅江水文站流量与生境可利用面积之间的关系曲线

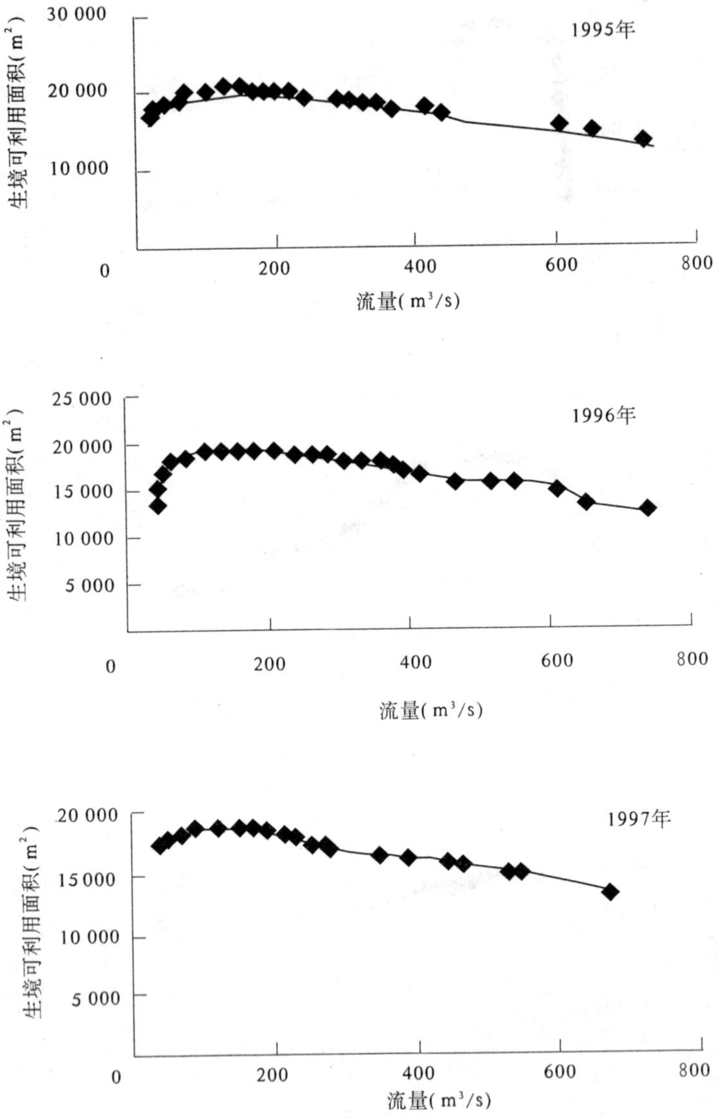
1995年
生境可利用面积(m²)
30 000
20 000
10 000
0
200
400
600
800
流量(m³/s)
1996年
生境可利用面积(m²)
25 000
20 000
15 000
10 000
5 000
0
200
400
600
800
流量(m³/s)
1997年
生境可利用面积(m²)
20 000
15 000
10 000
5 000
0
200
400
600
800
流量(m³/s)

续图 5-12

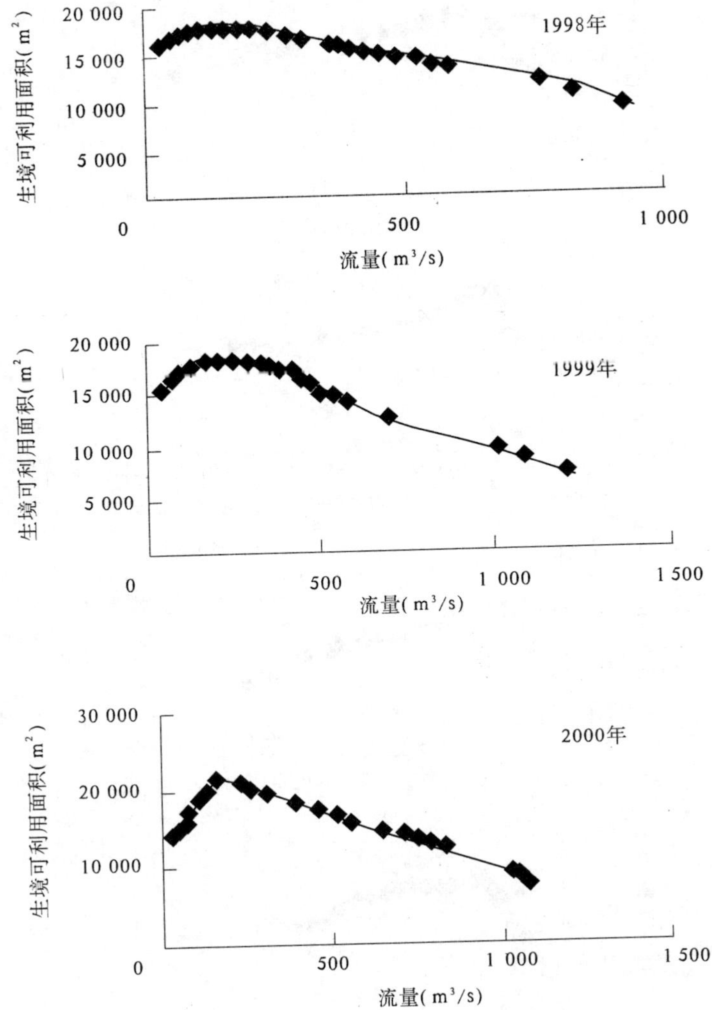
20 000
15 000
10 000
5 000
0
500
1 000
1998年
生境可利用面积(m²)
流量(m³/s)
20 000
15 000
10 000
5 000
0
500
1 000
1 500
1999年
生境可利用面积(m²)
流量(m³/s)
30 000
20 000
10 000
0
500
1 000
1 500
2000年
生境可利用面积(m²)
流量(m³/s)

续图 5-12

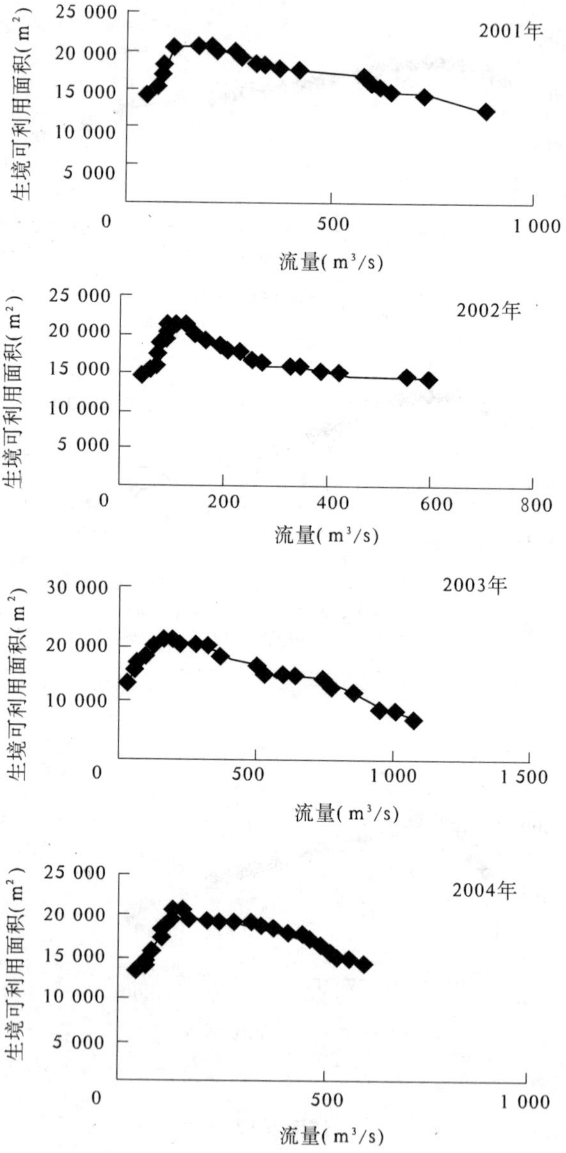

2001年
生境可利用面积(m²)
25 000
20 000
15 000
10 000
5 000
0
500
1 000
流量(m³/s)
2002年
生境可利用面积(m²)
25 000
20 000
15 000
10 000
5 000
0
200
400
600
800
流量(m³/s)
2003年
生境可利用面积(m²)
30 000
20 000
10 000
0
500
1 000
1 500
流量(m³/s)
2004年
生境可利用面积(m²)
25 000
20 000
15 000
10 000
5 000
0
500
1 000
流量(m³/s)

续图 5-12

表 5-8 温波站逐年的河道内生态需水量 (单位:m³/s)

年份	年平均流量	生境模拟法计算的生态流量	Tennant 法生态流量
1992	93.84	18.06～29.07	18.77～28.15
1993	155.56	32.1～44.7	31.11～46.67
1994	84.03	15.84～25.11	16.81～25.21
1995	81.79	20.88～28.62	16.36～24.54
1996	95.31	19.17～32.4	19.06～28.59
1997	74.66	13.77～22.74	14.93～22.40
1998	112.16	25.59～40.5	22.43～33.65
1999	124.08	16.71～37.23	24.82～37.22
2000	132.70	25.38～36.3	26.54～39.81
2002	68.85	14.1～22.65	13.77～20.66
2003	118.47	24.42～42.9	23.69～35.54
2004	83.00	16.2～24.39	16.6～24.9

表 5-9 甘孜站逐年的河道内生态需水量 (单位:m³/s)

年份	年平均流量	生境模拟法计算的生态流量	Tennant 法生态流量
1980	356.23	71.4～103.5	71.25～106.87
1981	321.37	65.7～94.5	64.27～96.41
1982	321.48	63.3～91.2	64.30～96.44
1983	276.11	53.7～80.7	55.22～82.83
1984	217.84	45.9～66.6	43.57～65.35
1985	313.12	59.1～93.65	62.62～93.94
1986	193.83	39.3～61.2	38.77～58.15

表 5-10　雅江站逐年的河道内生态需水量　　（单位：m^3/s）

年份	年平均流量	生境模拟法计算的生态流量	Tennant 法生态流量
1992	581.62	117.2 ~ 177.9	116.32 ~ 174.49
1993	870.01	159.3 ~ 232.2	174.00 ~ 261.00
1994	470.44	87.3 ~ 141.9	94.09 ~ 141.13
1995	566.45	128.7 ~ 162.9	113.29 ~ 169.94
1996	659.97	108.6 ~ 194.4	131.99 ~ 197.99
1997	530.61	106.5 ~ 162.3	106.12 ~ 159.18
1998	755.08	142.8 ~ 226.5	151.02 ~ 226.52
1999	771.59	153.6 ~ 229.2	154.32 ~ 231.48
2000	879.06	160.2 ~ 256.5	175.82 ~ 263.72
2001	712.68	168.3 ~ 210.9	142.54 ~ 213.80
2002	450.26	89.7 ~ 131.7	90.05 ~ 135.08
2003	827.07	155.7 ~ 234	165.41 ~ 248.12
2004	735.38	127.8 ~ 224.7	147.08 ~ 220.61

5.2.5　与月中值流量法结果的比较

将 50% 保证率下月流量（中值流量）的特定百分率作为最小基本流量。根据各站各月的流量历时曲线和变异系数确定特定百分率。对于变异系数较大（大于等于 0.3）的月份，自然抗变异能力较强，按照 Tennant 的研究多年平均流量的 30% 能满足近乎 100% 湿周的原则，取中值流量的 30% 为最小生态需水量（表 5-11 中的 MEIFR），对于变异系数较小的月份，自然抗变异能力较弱，取中值流量的 90% 为最小生态需水量。据此计算各站的最小生态需水量见表 5-11。温波、甘孜、雅江的年最小生态需水量分别为 26.46、82.93、192.65m^3/s，说明生境模拟法计算的结果能够满足最小生态需水量的要求。

表 5-11　中值流量法计算的各水文站的最小生态流量

（单位：m^3/s）

水文站	项目	1月	2月	3月	4月	5月	6月
温波	中值流量	26.6	25.5	26.4	65	96.3	138
	MEIFR	7.98	7.65	7.92	19.5	28.89	41.4
甘孜	中值流量	67.8	65.35	74.6	103.5	244	460
	MEIFR	20.34	19.61	22.38	31.05	73.2	138
雅江	中值流量	166	164.5	190	267	453	1 010
	MEIFR	49.8	49.35	57	80.1	135.9	303

水文站	项目	7月	8月	9月	10月	11月	12月
温波	中值流量	167	134	158.5	127	61.9	32.3
	MEIFR	50.1	40.2	47.55	38.1	18.57	9.69
甘孜	中值流量	663	430	566	362	177	104
	MEIFR	198.9	129	169.8	108.6	53.1	31.2
雅江	中值流量	1 600	1 160	1 210	801	434.5	250
	MEIFR	480	348	363	240.3	130.35	75

5.2.6　小结

(1)在对流量增加法与PHABSIM模型研究的基础上，提出了相对简化的生境模拟法。该方法是从保护鱼类生境和良好河流生态系统功能角度进行创新性探索的方法。

(2)用代表鱼类生境条件的主要因子——流速和水深，模拟流量与鱼类生境之间的关系，从而确定为保护鱼类良好生境所需的生态需水量。对于维持调水后合理的水生生物生态需水量具有重要的意义。

(3)本方法的创新之处在于，针对保护调水河流水生生物的要求，提出了一种同时考虑河道本身信息和为了满足主要鱼类生存所需的流速与水深来估算生态需水量的方法——生境模拟法。即通过代表鱼类生境参数与流量关系的模拟，从而选择最佳生境可利用面积所对应的流量作为生态需水量。

(4)在使用任何一种已有方法之前，都要对该方法进行仔细的评价，并结合某一特定的河流来对该方法进行测试。

(5)利用新提出的生境模拟法对雅砻江干流温波、甘孜和雅江水文站部分水文年的逐年生态流量进行了估算，结果显示，该方法计算的各站生态流量基本处于 Tennant 法所设定的最小和最适宜生态需水量之间，其主要原因是该方法更多地考虑了当地河流满足鱼类对流速的要求，故所得的结果符合该调水区的实际情况。

(6)本研究只是对估算河道内生态需水量的方法做一定理论和方法方面的探索工作，该方法的适用性如何需要将来研究工作中大量的实例来对其进行验证，该方法的提出肯定存在一定的缺陷，需要在将来的研究工作中进一步丰富和完善。

(7)应进一步研究增加代表鱼类生境参数的生境模拟法，并建立模型。

IFIM 法研究水量、水质和水生生物之间的关系是以水体污染较轻为基础的，在水体污染严重的地方，必须先解决河流污染问题，在恢复河流水质达标的基础上，才能够应用 IFIM 法。IFIM 方法得到的结果是栖息地可用面积与流量之间的关系，但不能由此认为栖息地可用面积越大，物种数量就一定越多。在使用 IFIM 法研究河流生态环境需水量时，必须有充分的流量时间关系数据。在 IFIM 法中，有多种模型可以使用，水力模型从一维到三维，均可以根据研究需要选用。如何在栖息地模拟输出结果和鱼种产量之间建立有效的关系，如何将栖息地动力学与鱼种群和群落特征动力学关联起来等方面的研究是当前 IFIM 研究的主要方向。河流生态环境需水量不仅有生物需水量，还有维持河流系统水沙平衡需水量等，在确定某一时段河流生态环境需水量时，要综合考虑。

第6章　雅砻江干流适宜的生态需水量

6.1　其他几种方法的生态需水量计算结果

6.1.1　Tennant 法

已有资料表明,该区鱼类属于在高山峡谷、陡坡急流、枯洪流量悬殊的环境中底栖生活的小型淡水鱼类,喜欢枯洪流量悬殊的环境。因此,在保持水流洪枯特征的条件下,分别取10%、20%和30%标准进行总量控制求取河道内生态需水量。根据温波(1992～2004年)、甘孜(1980～1986年)、雅江(1992～2004年)各站的流量资料,用 Tennant 法求取的各站各标准的河道内生态需水量见表6-1。

表6-1　Tennant 法求取的河道内生态需水量　(单位:m^3/s)

项目	站名			
	温波	热巴	甘孜	雅江
多年平均流量	102.62	192.5	268.74	661.55
MEIFR tennant 10%	10.26	19.25	26.87	66.16
MEIFR tennant 20%	20.52	38.5	53.75	132.31
MEIFR tennant 30%	30.79	57.75	80.62	198.47

6.1.2　最小月径流法

该法采用各年河流月平均实测径流量的最小值的多年平均值作为河流生态需水量,结果见表6-2。

表 6-2　河流基本生态需水量法求取的河道内生态需水量

项目	站名			
	温波	热巴	甘孜	雅江
多年平均流量(m^3/s)	102.62	192.5	268.74	661.55
河道内年平均生态需水流量(m^3/s)	24.51	44.8	62.51	161.02

6.1.3　7Q10 法

利用该法来计算河道内最小生态需水量。采用 90% 保证率最枯连续 7 天的平均水量作为河流最小流量设计值。由于该标准要求比较高,鉴于我国的经济发展水平比较低,我们采用近 10 年最枯月平均流量或 90% 保证率最枯月流量作为最小设计流量,用于计算污染物允许的排放量,结果见表 6-3 和表 6-4。

在计算 90% 保证率最枯月流量时,根据已有相关研究,在资料系列足够长时,"长系列法"比"代表年法"更具有代表性。所以采取长系列法,即以所有年的最枯月流量为样本进行统计计算。

表 6-3　近 10 年最枯月平均流量法求取的河道内生态需水量结果

项目	站名			
	温波	热巴	甘孜	雅江
多年平均流量(m^3/s)	102.62	192.5	268.74	661.55
河道内年平均生态需水流量(m^3/s)	24.76	44.0	61.57	165.44

表 6-4　近 10 年 90% 保证率最枯月流量法求取的河道内生态需水量结果

项目	站名			
	温波	热巴	甘孜	雅江
多年平均流量(m^3/s)	102.62	192.5	268.74	661.55
河道内年平均生态需水流量(m^3/s)	16.94	31.9	47.25	126.48

6.2 适宜生态需水量的选取

6.2.1 最小生态流量

在美国蒙大拿州，将多年平均流量的10%作为最小的河流生态需水量。因为他们经过研究发现，该流量可以提供当地鱼类(salmon)生存所需要生境的50%，而30%的多年平均流量基本上能提供当地鱼类所需的全部生境。在美国怀俄明州，推荐用25%的平均日流量(7~9月)来满足鳟鱼的生存环境。

在雅砻江干流，软刺裸裂尻鱼、厚唇裸重唇鱼、短须裂腹鱼、青石爬鮡为研究重点。由于研究区水文特征丰枯季节分明，致使该区鱼类生存适应性强。为保证河道内鱼类良好的生态环境条件，选取15%标准的Tennant法作为河道内需要维持的最小生态流量，即温波站为15.39m^3/s，热巴站为28.88m^3/s，甘孜站为40.31m^3/s，雅江站为99.23m^3/s。

6.2.2 适宜的生态需水量

比较各种方法得到的结果，不同方法计算结果相差较大(见表6-5)。但有如下规律，最小月流量法与7Q10(Ⅰ)法所算得的生态需水量基本一致，15%标准的Tennant法接近7Q10(Ⅱ)的计算结果，而水力半径法与生境模拟法计算的结果较大。30%标准的Tennant法大于所有其他方法的计算结果。

在所用的方法中，针对河流生态需水特点及确定其参数要求，水力半径法是一种同时考虑河道本身信息(水力半径)和为了满足其一定生态所需的流速(生态流速)估算生态需水量的方法。通过生态水力半径来推求过水断面面积，进而推求该过水断面生态流量是水力半径法的核心内容。因而，既维持了一定的生态基流，又能满足水生生物的需求。生境模拟法是同时考虑河道本身信息和为了满足主要鱼类种类生存所需的流速和水深来估算生态需水量的方法，即通过代表鱼类生境参数与流量关系的模拟，从而选择最佳生境可利用面积所对应的流量作为生态需水量。这两种方法是针对南水北调西线项目区的生态保护目标而提出的方法，能达到维持调水河流生态系统健康的目的，是主要考虑的因素。

从考虑各方面因素，采用由10%、15%、20%、30%不同标准的Tennant法、7Q10法、最小月流量法、水力半径法并与生境模拟法的计算结果比较，共同确定生态需水量的年均值。当然，为生态留的水量越多，生态遭受破坏的风险越小，但所能调走的水越少，从水资源工程角度来说，将达不到最佳的投资效果，而且生态也并不真正需要。

综合以上几种方法的计算结果，充分考虑河道内水生生物对生境的需求，以满足河道内的生态需水量，达到保护鱼类良好生境的目的，建议雅砻江干流温波、热巴、甘孜、雅江各站适宜的生态需水量分别为20.85、38.87、53.73、136.30m^3/s（见表6-5）。

表6-5 生态需水量计算结果 （单位：m^3/s）

项目	站名			
	温波	热巴	甘孜	雅江
多年平均流量	102.62	192.5	268.74	661.55
MEIFR tennant 10%	10.26	19.25	26.87	66.16
MEIFR tennant 15%	15.39	28.88	40.31	99.23
MEIFR tennant 20%	20.52	38.5	53.75	132.31
MEIFR tennant 30%	30.79	57.75	80.62	198.47
最小月流量法	24.51	44.8	62.51	161.02
7Q10（Ⅰ）	24.76	44.0	61.57	165.44
7Q10（Ⅱ）	16.94	31.9	47.25	126.48
水力半径法	23.66	45.89	56.94	141.28
生境模拟法结果	20.19～32.22	45.87～68.08	56.91～84.48	131.21～198.85
生态需水量的最终选取结果	20.85	38.87	53.73	136.30

第7章　结论与讨论

7.1　生态环境需水量的理论研究

依据上述生态环境需水计算评价方法的分析，目前生态环境需水不仅存在概念上的争议，在定量计算上还多以单项组成计算研究较多，主要针对一定区域或流域生态环境需水的经验概算或估算，定性研究多，不能兼顾上下游及横向、垂向的关系，难以表述生态环境需水时空分布和动态性，且各单项生态需水量之间计算存在重复、交叉问题，对水资源进行合理配置缺乏足够的支撑。从维持水生态平衡和水资源合理配置角度，笔者认为未来生态需水研究发展趋势是综合多学科研究，即综合水文及水资源学、水力学、水环境学、生态学和计算机科学等多学科研究。微观上从生态系统的水生生物、陆生植物等水分需求机理研究入手，进行主要(类型)生态的耗水规律和阈值研究；宏观上，关注尺度效应和耦合效应研究，即在空间尺度和时间尺度上对陆地—河流—入海的完整生态水循环系统采用水量水质和生态耦合模型系统进行生态环境需水规律研究。在水利工程和排污等人类活动因素的影响下，完成对不同时空分布、不同生态和环境保护目标下的各单项生态环境需水耦合效应的模拟分析和预测，其结果是有效地恢复、保护生态系统，科学地进行生态系统水资源调控模式研究的依据。

生态环境用水量计算方法的研究虽取得了一定的进展，为水资源合理利用提供了基础性的依据，但是生态需水量研究还缺乏统一的概念和理论，对计算方法的研究也不够深入和完善，基本停留在定性分析与宏观定量阶段。另外，由于水和生态的关系非常复杂，生态需水研究尚处在初级阶段，理论研究处在探索之中，计算方法还不能全面、真实地反映实际情况，计算结果可能存在较大风险。并且，生态需水与气候、水文、地理、地质、社会经济等密切相关，因此这些源自国外的生态环境用水量计算方法不一定适合中国的情况。在使用这些方法时,一是要弄清它的适用条件,二是要研究出适合我国的计算方法,三是要拓展生态需水量的应用性研究。

7.2 生态环境需水量的量化指标体系

综合国内外关于维持河流生态系统健康的研究成果,初步提出了维持河流生态流量的指标体系主要包括能量资源、水文、水质、生境条件和生物的相互作用,这些指标尚需进一步研究和细化。根据前面分析可知,流域内降水能够满足植被生长,河道外生态需水为植被的蒸散发量,不从河道中获取。另外,对于河道两岸的生态用水,通过同位素研究分析,得出河道—地下水—植被之间的关系,基本规律是河道及两岸的植被生长用水依靠降水补充,河道内的水量在汛期靠降水,在非汛期依靠两岸地下水补充。根据当地自然条件,不考虑维持气候、土壤所需水量,从而说明,河道外用水表现为工农业和生活用水。因此,在保证河道外工农业及生活用水的情况下,维系雅砻江干流生态系统健康的流量主要为河道内的生态需水量。

7.3 生态需水量的计算方法

在总结国内外关于河道内生态需水量计算方法的基础上,对每种计算方法的参数选择、应用范围、侧重点及优缺点做了深入分析,从目前已有的计算方法来看,还没有一种比较通用的量化所有参数并反映各参数之间相互影响的估算生态需水量的方法。

根据南水北调西线一期工程项目区生态环境特点及保护目标要求,创新性地运用了两种方法:水力半径法和生境模拟法,这两种方法均是针对河流生态需水特点及其确定上的参数要求,同时考虑河道本身信息和保护水生生物目标的方法。对于保持河流生态系统健康,维护河流健康生命具有重要意义。

利用水力半径法和生境模拟法对雅砻江干流各水文站部分水文年

的逐年生态流量的估算结果，基本处于 Tennant 法所设定的最小和适宜生态需水量之间，主要原因是这两种方法更多考虑了当地河流鱼类对生境的要求，而 Tennant 法设定的计算标准主要考虑当地的水生生物生活习性及气候特点，符合当地的河流生态与环境条件。可见应用水力半径法来计算河道内生态需水量是可行的，故所得的结果符合该调水区的实际情况。

生态需水量涉及的因素复杂，计算方法多样，生态需水量的研究还处在初级阶段。本书只是对估算河道内生态需水量的方法做一定理论和方法方面的探索工作，该方法的适用性如何。需要将来研究工作中大量的实例来对其进行验证，该方法存在的缺陷，需要在将来的研究工作中进一步丰富和完善。

7.4 雅砻江干流适宜的生态需水量

综合多种方法的计算结果，充分考虑河道内水生生物对生境的需求，以满足河道内的生态需水量，达到保护鱼类良好生境的目的，提出了雅砻江干流温波、热巴、甘孜、雅江各站适宜的生态需水量分别为20.85、38.87、53.73、136.30m^3/s。

参 考 文 献

1 甘孜县地方志编纂委员会. 甘孜县志. 成都:四川科学技术出版社,1999

2 甘孜洲农业区划办公室,甘孜洲草原站. 四川省甘孜藏族自治洲农业资源调查及区划:草地资源. 成都:四川科学技术出版社,1986

3 四川省甘孜藏族自治州林业局,四川省甘孜藏族自治州林业科学研究所. 甘孜洲树木地理及资源. 成都:四川科学技术出版社,1997

4 鲍卫锋,黄介生,于福亮. 区域生态需水量计算方法研究. 水土保持学报,2005,19(5):140~141

5 陈宜瑜. 横断山区鱼类. 北京:科学出版社,1998

6 崔保山,杨志峰. 湿地生态系统健康评价指标体系Ⅰ. 理论. 生态学报,2002,22(7):1006~1011

7 崔保山,杨志峰. 湿地生态系统健康评价指标体系Ⅱ. 方法与案例. 生态学报,2002,22(8):1233~1234

8 崔保山,杨志峰. 湿地生态系统健康研究进展. 生态学杂志,2001,20(3):31~36

9 崔保山,胡波,杨志峰. 西南纵向岭谷区河道生态需水计算方法. 生态学报,2006,26(1):176~184

10 崔丽娟,鲍达明,肖红,等. 基于生态保护目标的湿地生态需水研究. 世界林业研究,2006,19(2):19~21

11 丁瑞华. 四川鱼类志. 成都:四川科学技术出版社,1991

12 董必胜. 关于维系河流健康最小流量的探讨. 中国农村水利水电,2006(8):44~46

13 窦明,谢平,马军霞. 基于 GIS 技术的生态需水量化研究. 武汉大学学报(工学版),2006,39(1):7~9

14 方静,丁瑞华. 虎嘉鱼保护生物学的研究Ⅳ. 资源评价及濒危原因. 四川动物,1995,14 (3) :101~104

15 丰华丽,夏军,占车生. 生态环境需水研究现状和展望. 地理科学进

展,2003,22(6):66～68
16 郭宪光.中国石爬鮡属鱼类的形态变异及物种有效性研究.水生生物学报,2004,10(2):16
17 黄奕砻,傅伯杰,陈利顶.生态水文过程研究进展.生态学报,2003,23(3):581～584
18 胡会峰,徐福留,赵臻彦,等.青海湖生态系统健康评价.城市环境与城市生态,2003,16(3):71～73
19 贾宝全,慈砻骏.新疆生态用水量的初步估算.地理学报,2002,5(5):595～602
20 贾宝全,张志强,张红旗,等.生态环境用水研究现状、问题分析与基本构架探索.生态学报,2002,22(10):1734～1740
21 姜德娟,王会肖.生态环境需水量研究进展.应用生态学报,2004,15(17):1271～1274
22 姜杰,杨志峰,刘静玲.海河流域平原河道生态环境需水量计算.地理与地理信息科学,2004,20(5):82～83
23 孔红梅,赵景柱,姬兰柱,等.生态系统健康评价方法初探.应用生态学报,2002,13(4):486～490
24 李迪强.三江源自然保护区科学考察报告.北京:中国科学技术出版社,2002
25 李瑾,安树青,程小莉,等.生态系统健康评价的研究进展.植物生态学报,2001,25(6):641～647
26 李丽娟,郑红星.海滦河流域河流生态环境需水量计算.地理学报,2000,55(4):495～500
27 李秀梅,赵强,王立昂.生态环境需水量的概念框架.环境科学动态,2005(2):46～48
28 梁继阳.试论我国水资源持续利用与区域发展的几个问题.中国发展,2001(1)
29 刘昌明.关于生态需水量的概念和重要性.科学对社会的影响.2002(2):18～20
30 刘昌明,门宝辉,宋进喜.河道内生态需水量估算的生态水力半径

法.自然科学进展,2006,16(11):64～70
31 刘建军,王文杰,李春来.生态系统健康研究进展.环境科学研究,2002,15(1):41～43
32 刘霞,王礼先,张志强.生态环境用水研究进展.水土保持学报,2001,15(6):58～61
33 刘相模.川西北草原开发利用研究.成都:四川民族出版社,1984
34 刘永,郭怀成,戴永立,等.湖泊生态系统健康评价方法研究.环境科学学报,2004,24(4):723～725
35 罗玮,周孝德,韩娜娜.防止河道断流的最小生态环境需水量.水资源与水工程学报,2005,16(4):30～37
36 马克明,孔红梅,关文彬,等.生态系统健康评价:方法与方向.生态学报,2001,21(12):2107～2114
37 门宝辉,刘昌明,夏军,等.南水北调西线一期工程河道最小生态径流的估算与评价.水土保持学报,2005,19(5):136～137
38 苗鸿,魏彦昌,姜立军,等.生态用水及核算方法.生态学报,2003,23(6):1157～1160
39 倪晋仁,崔树彬,李天宏,等.论河流生态环境需水.水利学报,2002(9):14～19
40 钱燕文.中国鸟类图鉴.郑州:河南科学技术出版社,1995
41 任海,邬建国,彭少麟.生态系统健康的评估.热带地理,2000,20(4):311～314
42 石伟,王先谦.黄河下游生态需水量及其估算.地理学报,2002,5(5):595～602
43 时晓燕,刘德富,黄钰铃.河道生物需水量的理论及计算方法.水资源与水工程学报,2006,17(3):43～44
44 四川资源动物志编辑委员会.四川资源动物志,第一卷　总论.成都:四川人民出版社,1982
45 四川森林编辑委员会.四川森林.北京:中国林业出版社,1992
46 彭基泰.四川省甘孜藏族自治州林业局,四川省甘孜藏族自治州野生动物保护协会.四川省甘孜藏族自治州国家级省级重点保护野

生动物野外识别手册. 2002
47 四川省畜牧局. 四川草地资源. 成都:四川民族出版社,1989
48 四川省农业区划委员会,四川江河鱼类资源与利用保护编委会. 四川江河鱼类资源与利用保护. 成都:四川科学技术出版社,1991
49 四川省农业资源与区划编委会. 四川省农业资源与区划. 成都:四川省社会科学院出版社,1986
50 宋进喜,李怀恩,王伯铎. 河流生态环境需水量研究综述. 水土保持学报,2003,17(6):95~97
51 宋进喜,王伯铎. 生态、环境需水与用水概念辨析. 西北大学学报(自然科学版),2006,36(1):154~155
52 孙涛,杨志峰. 河口生态环境需水量计算方法研究. 环境科学学报,2003,25(5):573~576
53 王芳,梁瑞驹,杨小柳,等. 中国西部地区生态需水研究(Ⅰ)——干旱半干旱地区生态需水理论分析. 自然资源学报,2002,17(1):1~8
54 王根绪,张钰,刘桂民,等. 干旱内陆流域河道外生态需水量评价. 生态学报,2005,25(10):2468~2475
55 王基琳,蒋卓群. 青海省渔业资源和渔业区域. 西宁:青海人民出版社,1988
56 王晶,包维楷,庞学勇,等. 大渡河上游干旱河谷区生态需水研究. 自然资源学报,2006,21(2):253~256
57 王礼先. 植被生态建设与生态用水——以西北地区为例. 水土保持学报,2001,15(1):19~22
58 王让会,卢新民,宋郁东,等. 西部干旱区生态需水的规律及特点. 应用生态学报,2003,14(4):520~524
59 王让会,宋郁东,樊自立,等. 塔里木流域"四源一干"生态需水量的估算. 水土保持学报,2001,15(1):19~22
60 王西琴,刘昌明,杨志峰. 生态环境需水量研究进展与前瞻. 水科学进展,2002,13(4):507~512
61 严登华,何岩,邓伟,等. 东辽河流域河流系统生态需水研究. 水土

保持学报,2001,15(1):46～49
62 严军,苗卉,柴洪敏,等. 永定河下游河道生态需水量. 人民黄河,2006,28(2):52～53
63 阳书敏,邵东国,沈新平. 南方季节性缺水河流生态环境需水量计算方法. 水利学报,2005,36(11):1341～1345
64 杨华珂,许振文,张林波. 生态系统健康概念辨析. 长春师范学院学报,2002,21(1):65～67
65 杨晓华,杨志峰,郦建强,等. 水环境质量综合评价的多目标决策——理想区间法. 水科学进展,2004,15(2):203～205
66 英晓明,李凌. 河道内流量增加法 IFIM 研究及其应用. 生态学报,2006,26(5):1567～1572
67 袁兴中,刘红,陆健健. 生态系统健康评价——概念框架与指标选择. 应用生态学报,2001,12(4):627～629
68 夏军,郑冬燕,刘青娥. 西北地区生态需水估算的几个问题探讨. 水文,2002,22(5):12～16
69 肖风劲,欧阳华. 生态系统健康及其评价指标和方法. 自然资源学报,2002,17(2):204～207
70 许新宜,杨志峰. 试论生态环境需水量. 中国水利,2003,3(A 刊):12～15
71 徐志侠,陈敏进,董增川. 河流生态需水计算方法评述. 河海大学学报,2004,32(1):5～8
72 张凤玲,刘静玲,杨志峰. 城市河湖生态系统健康评价. 生态学报,2005,25(11):3022～3023
73 张丽,董增川,丁大发. 生态需水研究进展及存在问题. 中国农村水利水电,2003(1):13～15
74 张远,杨志峰,王西琴. 河道生态环境分区需水量的计算方法与实例分析. 环境科学学报,2005,25(4):431～433
75 张志诚,欧阳华,肖风劲. 生态系统健康研究现状及其定量化研究初探. 中国生态农业学报,2004,12(3):184～185
76 郑冬燕,夏军,黄麦波. 生态需水量估算问题的初步探讨. 水电能源

科学,2002,20(3):3～5
77 郑连第.中国历史上的跨流域调水工程.南水北调与水利科技,2003,1(12):5～8
78 中国科学院西北高原生物研究所.青海经济动物志.西宁:青海人民出版社,1989
79 中国植被编辑委员会.中国植被.北京:科学出版社,1980
80 周寿荣.川西北草地的改良与利用.成都:四川民族出版社,1982
81 周仰景,吴万荣.大川河虎嘉鱼产卵场条件及其习性的初步研究.水生生物学报,1987,11(4):375～376
82 周仰景,吴万荣,姚维志.虎嘉鱼生物学研究.西南农业大学学报,1994,16(1):72～75
83 Baird A J, Wilby R L. Eco-hydrology: Plant and water in terrestrial and aquatic environments. London and NewYork: Routledge Press, 1999,24(6):1124～1126
84 Constanza R. Toward an operational definition of ecosystem health//Constanza R, Benjamin D H. Ecosystem Health: New goals for environmental management. Washington D C: Island Press,1992:239～256
85 Dakova Sn, Uzunov Y, Mandadjiev D. Low flow-the river's ecosystem limiting factor. *Ecological Engineering*. 2000,16(1):167～174
86 Denis A, Hughes, Pauline Hannart. A desktop model used the provide an initial estimate of the ecological instream flow requirements of rivers in south africa. *Journal of Hydrology*,2003,270:167～181
87 Duel H. Habitat suitablity evaluation models for assesment of riverine and lacustrine habitats. TNO-report, Delft, The netherlands in Dutch
88 Falkenmark M. Forward to the Future: A Conceptual Framework for Water Dependence. *Ambio*,1999, 494:356～3611
89 Falkenmark M. Coping with water scarcity under rapid population growth, London: Conference of SADC Minsters, Pretoria1,1995, 11:23～24

90 Gleick P H. Water in Crisis: Paths to Sustainable Water Use. *Ecological Applications*,1998,8(3):571 ~ 579

91 Gleick P H. The World's Water 2000 ~ 2001: The Biennial Report on Freshwater Resources. Washington, DC, USA, Island Press,1998, 8(3):263 ~ 264

92 Gleick P H. The Changing Water Paradigm: A Look at Twenty – first Century Water Resource Development. *Water International*, 2000,25(1):127 ~ 1381

93 Haskell B D, Norton B G, Costamza R. What is ecosystem health and why should we worry about it. //Contanza R, Norton B G, Haskell B D. Ecosystem health: New goals for environmental management. Washington D C: Island Press,1992:3 ~ 20

94 Hughes D A. Providing hydrological information and data analysis tools for the determination of ecological in stream flow requirements for South African rivers. *Journal of Hydrology*,2001,241:140 ~ 151

95 Jowett I G. Instream flow methods:a comparison of approaches. Regulation rivers:*Research and Management*,1997,13,115 ~ 127

96 Mageall M T, Costanza R,Ulanowicz R E. The development and initial testing of a quantities assessment ecosystem health. Ecosystem Health,1995,1(4):201 ~ 213

97 Martin Pusch, Andras Hoffmann. Conservation concept for a river ecosystem impacted by flow abstraction in a large post-mining area. *Landscape and Planning*, 2000, 51(2):165 ~ 176

98 Petts G E. water allocation to protect river ecosystems. Regulated Rivers: *Resource Manage*,1996,4(12):353 ~ 365

99 Rapport D J. Ecosystem health. Oxford: Blackwell Science, 1998, 351 ~ 356

100 Reynolds C S. Planktic community assembly in flowing water and the ecosystem health of rivers. Ecological Modelling, 2003, 160: 191 ~ 203

101 Shen G F. Ecological environment construction and protection and utilization of water resources. *China Water Resouces*, 2000(8):26 ~ 30
102 Shen M C. Ensure ecological water demand and protect wetland resources. *China Forestr*,2001(7):16 ~ 17
103 Shield R and Good R. Environmental water in a regulated river system: the Murrumbidgee River planning approach to the determination of environmental needs. *Water Science and Technology*, 2002, 45 (11):241 ~ 249
104 Shulders W, Nehring R B. Using the phsical habitat simulation model to evaluate a stream habitat enchancement project. Rivers, 1993, 4 (3):175 ~ 193
105 Tang Q C. The Development in Oases and Rational Use of Water resource. *Journal of Land Resource and Environment*, 1995, 9 (3): 107 ~ 111
106 Tharme R E. A global perspective on environmental flow assessment: emerging trends in the development and application of environmental flow methodologies for rivers. *River Research and Application*,2003(13):397 ~ 441
107 Tharme, R E. A global perspective on environmental flow assessment: Emerging trends in the development and application of environmental flow methodologies for rivers. *River Research and Applications*,2003,19(5-6):397 ~ 441
108 Thoms M C, Sheldon F. An ecosystem approach for determining environmental water allocations in Australian dryland river systems: the role of geomorphology. *Geomorphology*,2002(4):153 ~ 168
109 Ulanowicz R E. Ecosystem health and tropic flow networks. Costanza R, Northon B G, Haskell B D. Ecosystem health: New goals for environmental management. Washington D C: Island Press, 1992, 190 ~ 206

110 Willian Whipple. A proposed approach to coordination of water resources development and environmental regulations. *Journal of the American Water Resources Association*1, 1999, 35(4):73 ~ 89

111 Wollmuth J C, Eheart J W. Surface water withdrawal allocation and trading systems for traditionally riparian areas. *Journal of the Americal Water Resources Association*, 2000, 36(2):293 ~ 303

112 Xu F L. Ecosystem health assessment for lake Chao, a shallow eutrophic Chinese lake. Lakes & Reservoirs: Research & Management, 1996, 2(2):101 ~ 109

113 Xu F L. Exergy and structural exergy as ecological indicators for the development state of the Lake Chaohu ecosystem. Ecosystem Modelling, 1997, 99(1):41 ~ 49

114 Xu F L, Jorgensen S E, Tao S. Ecological indicators for assessing freshwater ecosystem health. Ecological Modeling, 1999, 116(1): 77 ~ 106

115 Zhao Chuanyuan, Nan Zhongren, Feng Zhaodong. GIS-assisted spatially distributed modeling of the potential evapotranspiration in semiarid climate of the chinese Loess Plateau. *Journal of Arid Environments*, 2004, 58:387 ~ 403

116 Zhang K J. Some character of water resources exploitation and utilization in Haihe Basin. *Haihe Water Resource*, 1991(4):25 ~ 27

附录

Ⅰ.研究区内高等植物名录

一、苔藓植物门 Bryophyta

(1)泥炭藓科 Sphagnaceae

泥炭藓属 *Sphagnum*

泥炭藓 *Squarrosum cymbifolium*

粗叶泥炭藓 *Squarrosum*

(2)绢藓科 Entodontaceae

绢藓属 *Entodon*

赤茎藓 *Pleurozium schreberi*

(3)金发藓科 Polytrichaceae

金发藓属 *Polytrichum*

细长金发藓 *Polytrichum gvucile*

大金发藓 *Polytrichum commune*

二、蕨类植物门 Pteridophyta

(1)木贼科 Equisetaceae

木贼属 *Equisetum*

木贼 *Equisetum hiemale*

问荆 *Equisetum arvense*

节节草 *Equisetum ramosissimum*

水木贼 *Equisetum heleocharis*

(2)铁线蕨科 Adiantacea

铁线蕨属 *Adiantum*

白背铁线蕨 *Adiantum davidii*

扇叶铁线蕨 *Adiantum flabellulatum*

长盖铁线蕨 *Adiantum smithianum*

(3)蹄盖蕨科 Athriaceae

蹄盖蕨属 *Athyrium*

蹄盖蕨 *Athyrium felix-femina*

冷蕨属 *Cystoperis*

兴冷蕨 *Cystoperis moupinensis*

(4)鳞毛蕨科 Dryopteridaceae

贯众属 *Cyrtomium*

刺齿贯众 *Cyrtomium caryotideum*

鳞毛蕨属 *Dryopteris*

鳞毛蕨 *Dryopteris barbigera*

耳蕨属 *Polystichium*

多鳞耳蕨 *Polystichium squarrosum*

(5)水龙骨科 Polypodiaceae

槲蕨属 *Drynaria*

中华槲蕨 *Drynaria baronii*

瓦韦属 *Lepisorus*

高山瓦韦 *Lepisorus sulieanus*

(6)骨碎补科 Davalliaceae

膜盖蕨属 *Araiostegia*

美膜盖蕨 *Araiostegia pulchra*

宿枝膜盖蕨 *Araiostegia hookeri*

(7)中国蕨科 Sinopteridaceae

粉背蕨属 *Aleuritopteris*

银粉背蕨 *argentea*

绒毛粉背蕨 *Aleuritopteris subbillosa*

绒毛粉背蕨 *Aleuritopteris subvillosa*

(8)凤尾蕨科 Sinaopteridaceae

凤尾蕨属 *Pteris*

凤尾蕨 *Pteris nervosa*

三、裸子植物门 Gymnospermae

(1)松科 Pinaceae

冷杉属 *Abies*

黄果冷杉 *Abies ernestii*

冷杉 *Abies fabri*

岷江冷杉 *Abies faxoniana*

冷杉 *Abies squama*

云杉属 *Picea*

川西云杉 *Picea balfouriana*

麦吊云杉 *Picea branchytyla*

紫果云杉 *Picea purpurea*

鳞皮云杉 *Picea retroflexa*

青杆 *Picea wilsonii*

松属 *Pinus*

油松 *Pinus tabulaeformis*

落叶松属 *Larix*

落叶松 *Larix Adans*

(2)柏科 Cupressusacceae

刺柏属 *Juniperus*

刺柏 *Juniperus formosana*

侧柏属 *Platycladus*

侧柏 *Platycladus orientalis*

圆柏属 *Sabina*

柏木 *Cupressus funebris*

方枝柏 *Sabina squamata*

山柏 *Sabina pingii var. fargesii*

高山柏 *Sabina squamata*

香柏 *Sabina squamata var. wilsonii*

大圆果柏 *Sabina tibetica*

(3)麻黄科 Ephedraceae

麻黄属 *Ephedra*

矮麻黄 *Ephedra gerardiana*

草麻黄 *Ephedra sinica*

四、被子植物门 Angiospermae

(一)双子叶植物纲 dicotyledoneae

1. 原始花被亚纲 Archichlamydeae

(1)杨柳科 Salicaceae

杨属 *Populus*

青杨 *Populus cathayana*

山杨 *Populus davidiana*

毛白杨 *Populus tomentosa*

川杨 *Populus yunnanensis*

柳属 *Salix*

奇花柳 *Salix atopantha*

川鄂柳 *Salix fargesii*

小叶柳 *Salix hypoleuca*

大叶柳 *Salix magnifica*

旱柳 *Salix matsudana*

小红柳 *Salix microstachya*

深山柳 *Salix oritrepha*

拟五蕊柳 *Salix paraplesia*

细穗柳 *Salix radraostachya*

川滇柳 *Salix rehderiana*

杜叶鹃柳 *Salix rhododendrifolia*

山生柳 *Salix neomanematchinensis*

高山柳 *Salix souliei*

洮河柳 *Salix taoensis*

(2)胡桃科 Juglandaceae

胡桃属 *Juglans*

野核桃 *cathayensis*

(3)桦木科 Betulaceae

桦木属 *Betula*

红桦 *albo-sinensis*

高山桦 *Betula delavayi*

白桦 *platyphylla*

糙皮桦 *Betula utilis*

(4)山毛榉科 Fagaceae

栎属 *Quercus*

高山栎 *Quercus semicarpifolia*

(5)荨麻科 Unicaceae

荨麻属 *Urtica*

高原荨麻 *Urtica hyperborea*

(6)蓼科 Polygonaceae

荞麦属 *Fagopyrum*

苦荞麦 *Fagopyrum tataricum*

蓼属 *Polygonum*

密穗蓼 *afire*

扁蓄 *aviculare*

丛枝蓼 *caespitisum*

圆穗蓼 *sphaerosiachyum*

支柱蓼 *suffultum*

珠芽蓼 *viviparum*

酸模属 *Rumex*

酸模 *Rumex acetosa*

皱叶酸模 *Rumex crispus*

尼泊尔酸模 *Rumex nepalensis*

大黄属 *Rheum*

大黄 *Rheum officinale*

掌叶大黄 *Rheum palmatum*

鸡爪大黄 *Rheum tanguticum*

(7)石竹科 Caryophyllaceae

蚤缀属 *Arenaria*

甘肃蚤缀 *Arenaria kansuensis*

卷耳属 *Cerastium*

簇生卷耳 *Cerastium caespitosum*

女娄菜属 *Melandrium*

女娄菜 *Melandrium apricum*

拟漆姑属 *Minuartia*

高山漆姑 *Minuartia laricina*

凡缕属 *Stellaria*

内曲凡缕 *Stellaria infracta*

蝇子草属 *Silene*

细蝇子草 *Silene tenuis*

麦瓶草 *Silene conoidea*

(8)毛茛科 Ranunculaceae

乌头属 *Aconitum*

松潘乌头 *Aconitum sungpanense*

铁棒锤 *Aconitum szechenyiannum*

甘青乌头 *Aconitum tanguticum*

银莲花属 *Anemone*

钝裂银莲花 *Anemone geum*

迭裂银莲花 *Anemone imbricata*

草玉梅 *Anemone rivularis*

条叶银莲花 *Anemone trullifolia*

水毛茛属 *Butrachium*

毛柄水毛茛 *Butrachium trichophyllum*

水毛茛 *Batrachium trichophyllum*

驴蹄草属 *Caltha*

空茎驴蹄草 *Caltha fistulosa*

驴蹄草 *Caltha palustris*

花葶驴蹄草 *Caltha scaposa*

升麻属 *Cimicifuga*

升麻 *Cimicifuga foetida*

星叶草属 *Circaeaster*

星叶草 *Circaeaster agrestis*

铁线莲属 *Clematis*

芹叶铁线莲 *Clematis aethusaefolia*

黄花铁线莲 *Clematis intricat*

甘青铁线莲 *Clematis urophylla*

翠雀花属 *Delphinium*

蓝翠雀花 *Delphinium coeruleum*

滇北翠雀花 *Delphinium delavayi*

川甘翠雀花 *Delphinium souliei*

四川翠雀花 *Delphinium sutchuenense*

水葫芦苗属 *Halerpestes*

水葫芦苗 *Halerpestes sarmentosa*

独叶草属 *Kingdonia*

独叶草 *Kingdonia uniflora*

鸦跖草属 *Oxygtaphis*

鸦跖花 *Oxygtaphis glacialis*

赤芍属 *Paeonia*

川赤芍 *Paeonia hybrida*

窄叶芍药 *Paeoniaan*

四川牡丹 *Paeonia szechunica*

白头翁属 *Pulsatilla*

白头翁 *Pulsatilla achinensis*

毛茛属 *Ranunculu*

高原毛茛 *Ranunculus brotherusii*

毛茛 *Ranunculus japonicus*

云生毛茛 *Ranunculus nephewlogenes*

天葵属 *Semiaquilogia*

天葵 *Semiaquilogia adoxoides*

唐松草属 *Thalictrum*

钩柱唐松草 *Thalictrum nucatum*

滇川唐松草 *Thalictrum finetii*

瓣蕊唐松草 *Thalictrum petaloideum*

金莲花属 *Trollius*

矮金莲花 *Trollius farrei*

毛茛状金莲花 *Trollius ranunculoides*

(9)小檗科 Berberidaceae

小檗属 *Berberis*

直穗小檗 *Berberis dasystachya*

鲜黄小檗 *Berberis diaphana*

匙叶小檗 *Berberis vernae*

川滇小檗 *Berberis jamesiana*

普通小檗 *Berberis vulgaris*

甘肃小檗 *Berberis kansuensis*

桃儿七属 *Podophyllum*

桃儿七 *Podophyllum emodi*

(10)罂粟科 Papaveraceae

白屈菜属 *Chelidoniun*

白屈菜 *Chelidoniun majus*

紫堇属 *Corydalis*

灰绿黄堇 *Corydalis adunca*

迭裂黄堇 *Corydalis dasyptera*

紫堇 *Corydalis edulis*

暗绿紫堇 *Corydalis melanochlora*

绿绒蒿属 *Meconopsis*

黄花绿绒蒿 *Meconopsis chelidonifolia*

多刺绿绒蒿 *Meconopsis horridula*

全缘绿绒蒿 *Meconopsis integrifolia*

红花绿绒蒿 *Meconopsis punicea*

(11)十字花科 Cmciferae

碎米荠属 *Cardamine*

白花碎米荠 *Cardamine leucantha*

紫花碎米荠 *Cardamine tangutorum*

菥蓂属 *Thlaspi*

菥蓂 *Thlaspi ravens*

荠菜属 *Capsella*

荠菜 *Capsella bursa-pastoris*

葶苈属 *Draba*

葶苈 *Draba nemorosa*

毛葶苈 *Draba eriopoda*

独行菜属 *Lepidium*

独行菜 *Lepidium apetalum*

播娘蒿属 *Descurainia*

播娘蒿 *Descurainia Sophia*

糖芥属 *Erysimum*

糖芥 *Erysimum deflexum*

(12)景天科 Crassulaceae

景天属 *Rhodiola*

小丛红景天 *Rhodiola dumulosa*

狭叶红景天 *Rhodiola kirilowii*

狭穗景天 *Sedum angustum*

(13)虎耳草科 Saxifragceae

金腰子属 *Chrysoplenium*

肾叶金腰 *Chrysoplenium griffithii*

单花金腰 *Chrysoplenium uniforum*

茶藨子属 *Ribses*

大刺茶藨子 *Ribses alpestre*

美丽茶藨子 *Ribses pulchellum*

长串茶藨子 *Ribses longiracamosum*

糖茶藨子 *Ribses moupinense*

狭果茶藨子 *Ribses stenocarpum*

虎耳草属 *Sarxifraga*

黑虎耳草 *Sarxifraga atrala*

山地虎耳草 *Sarxifraga montana*

(14)蔷薇科 Rosaceae

栒子属 *Cotoneaster*

灰栒子 *Cotoneaster acutifolius*

高山栒子 *Cotoneaster submultiflorus*

细枝栒子 *Cotoneaster gracilis*

平枝栒子 *Cotoneaster horizontalis*

小叶栒子 *Cotoneaster microphyllus*

水栒子 *Cotoneaster multiflorus*

山楂属 *Crataegus*

华中山楂 *Crataegus wilsonii*

野山楂 *Crataegus cuneata*

金露梅属 *Dasiphora*

金露梅 *Dasiphora fruticosa*

银露梅 *Dasiphora glabra*

栒子属 *Divarieatus*

散生栒子 *Divaricatus contoneaster*

草莓属 *Fragaria*

东方草莓 *Fragaria orientalis*

委陵菜属 *Potentilla*

鹅绒委陵菜 *Potentilla anserina*

长柔毛委陵草 *Potentilla griffithii var. Elatum*

多茎委陵菜 *Potentilla multicaulis*

钉柱委陵菜 *Potentilla saundersiana*

李属 *Prunus*

微毛樱桃 *Prunus clarofolia*

山桃 *Prunus davidiama*

野樱桃 *Prunus plurineruis*

蔷薇属 *Rosa*

红花蔷薇 *Rosa moyesii*

峨眉蔷薇 *Rosa omeiensis*

扁刺蔷薇 *Rosa sweginzowii*

悬钩子属 *Rubus*

橘红悬钩子 *Rubus aurantiacus*

鲜卑花属 *Sibiraea*

窄叶鲜卑花 *Sibiraea angustata*

毛叶鲜卑花 *Sibiraea tomentosa*

珍珠梅属 *Sorbaria*

高丛珍珠梅 *Sorbaria arborea*

花楸属 *Sorbus*

湖北花楸 *Sorbus hupehensis*

陕甘花楸 *Sorbus koehneana*

川滇花楸 *Sorbus prattii*

绣线菊属 *Spiraea*

高山绣线菊 *Spiraea alpina*

光叶绣线菊 *Spiraea japonica*

南川绣线菊 *Spiraea rosthernjj*

川滇绣线菊 *Spiraea schneideriana*

(15)豆科 Leguminosae

黄芪属 *Astragalus*

梭果黄芪 *Astragalus ernestii*

多枝黄芪 *Astragalus polycladus*

云南黄芪 *Dxytropis yunnanensis*

锡金岩黄芪 *Hedysarum siikkimense*

锦鸡儿属 *Caragana*

二色锦鸡儿 *Caragana bicolor*

川西锦鸡儿 *Caragana erinacea*

鬼箭锦鸡儿 *Caragana jubata*

小叶锦鸡儿 *Caragana microphylla*

甘青锦鸡儿 *Caragana tangutica*

川青锦鸡儿 *Caragana tibetica*

米口袋属 *Gueldenstaedtia*

异叶米口袋 *Gueldenstaedtis diversifolia*

胡枝子属 *Lespedeza*

多花胡枝子 *Lespedeza floribunda*

苜蓿属 *Medicago*

矩镰荚苜蓿 *Medicago archiducis-nicolai*

小苜宿 *Medicago minima*

草木犀属 *Melilotus*

草木犀 *Melilotus suaveolens*

棘豆属 *Oxytropis*

密花棘豆 *Oxytropis imbricata*

甘肃棘豆 *Oxytropis kansuemis*

黄花棘豆 *Oxytropis Ochrocephala*

鳞萼棘豆 *Oxytropis squammulosa*

黄华属 *Thermopsis*

轮叶黄华 *Thermopsis barbata*

披针叶黄华 *Thermopsis lanceolata*

野豌豆属 *Vcia*

山野豌豆 *Vcia amoena*

光布野豌豆 *Vicia cracca*

野豌豆 *Vcia epium*

柔毛野豌豆 *Vicia villosa*

歪头菜 *Vicia unijuga*

(16)酢浆草科 Oxalidaceae

酢浆草属 *Oxalis*

酢浆草 *Oxalis corniculala*

山酢浆草 *Oxalis griffithii*

(17)牻牛儿苗科 *Geraniaceae*

老鹤草属 *Geranium*

巴塘老鹤草 *Geranium bamngense*

甘青老鹤草 *Geranium pylzowianum*

鼠掌老鹤草 *Geranium sibiricum*

毛蕊老鹤草 *Geranium eriostemon*

(18)大戟科 Euphorbiaceae

大戟属 *Euphorbia*

乳浆大戟 *Euphorbia esula*

泽漆 *Euphorbia helioscopia*

钩腺大戟 *Euphorbia siebooldiana*

(19)卫矛科 Cetastraceae

卫矛属 *Euonymus*

栓翅卫矛 *Euonymus phellomanes*

甘青卫矛 *Euonymus przewalskii*

纤齿卫矛 *Euonymus giraldii*

八宝茶 *Euonymus przewalskii*

(20)鼠李科 Rhamnacea

鼠李属 *Rhamnus*

小冻绿树 *Rhamnus rosthornii*

(21)藤黄科 Guttiferae(山竹子科)

金丝桃属 *Hypericum*

突脉金丝桃 *Hypericum przewalskii*

(22)堇菜科 Viola ceae

堇菜属 *Violak*

紫花地丁 *Violak philippica*

双花堇菜 *Violak biflora*

光茎四川堇菜 *Violak szetchwanensis*

西藏堇菜 *Violak unawarensis*

(23)瑞香科 Thymelaeaeceae

瑞香属 *Daphe*

凹叶瑞香 *Daphe retusa*

狼毒属 *Stellera*

狼毒 *Stellera chamejasm*

(24)胡颓子科 Elaeagnaceae

沙棘属 *Hippophae*

西藏沙棘 *Hippophae thibetane*

沙棘 *Hippophae rhamnoides*

中国沙棘 *Hippophae yhamnoides L. subsp. sinensis Rousi*

(25)柳叶菜科 Onagraceae

柳兰属 *Chamaenerion*

柳兰 *Chamaenerion angustifolium*

柳叶菜属 *Zpilobium*

柳叶菜 *Zpilobium hirsumm*

(26)五加科 Araliaceae

五加属 *Acanthopanax*

刺五加 *Acanthopanax sipnosus*

红毛五加 *Acanthopanax giraldii*

(27)伞形科 Umbelliferae

当归属 *Angelica*

当归 *Angelica sinensis*

柴胡属 *Bupleurum*

竹叶柴胡 *Bupleurum marginatum*

小柴胡 *Bupleurum tenue*

马尔康柴胡 *Bupleurum malconense*

矮泽芹属 *Chamaesium*

矮泽芹 *Chamaesium paradoxum*

紫茎芹 *Nothosmyrnium japonnicum*

独活属 *Heracleum*（白芷属）

白亮独活 *Heracleum candicans*

多裂独活 *Heracleum millefolium*

粗糙独活 *Heracleum scabridum*

藁木属 *Ligusticum*（藁草属）

葶状藁木 *Ligusticum scapiforme*

藁本 *Ligusticum sinense*

羌活属 *Notopterygium*

宽叶羌活 *Notopterygium forbesii*

羌活（*Notopterygium incisum*）

(28)柽柳科 Tamaricaceae

水柏属 *Myricaria*

水柏枝 *Myricaria germanica*

柽柳属 *Myricaria*

三春柳 *Myricaria squamosa*

(29)蒺藜科 Zygophyllaceae

白刺属 *Ntraria*

白刺 *Ntraria tangutorum*

(30)藜科 Chenopodiaceae

藜属 *Chenopodium*

杂配轴藜 *Axyris hybrida*

灰绿藜 *Chenopodium glaucum*

菊叶香藜 *Chenopodium foetidum*

土荆芥 *Chenopodium ambrosioides*

2. 双子叶植物纲 dicotyledoneae

合瓣花亚纲 Sympetalae

(1)杜鹃花科 Ericaceae

杜鹃花属 *Rhododendron*

雪山杜鹃 *Rhododendron aganniphum*

小花杜鹃 *Rhododendron agglutinatum*

烈香杜鹃 *Rhododendron anthopogonoides*

北方雪层杜鹃 *Rhododendron ssb. boreale*

青海杜鹃 *Rhododendron przewalskii*

百里香杜鹃 *Rhododendron thymifolium*

(2)报春花科 Primulaceae

点地梅属 *Androsace*

西藏点地梅 *Androsace mariae var. Tibetica*

报春花属 *Primula*

山丽报春 *Primula bella*

石岩报春 *Primula dryadifolia*

大叶报春 *Primula macrophylla*

裂叶报春 *Primula pinnatifida*

丽花粉报春 *Primula pulchella*

锡金报春 *Primula sikkimensis*

西藏粉报春 *Primula titetica*

甘青报春 *Primula tangutica*

管花报春 *Primula sinopurpurea*

雅砻报春 *Primula prattii*

胭脂花 *Primula maximowicizii*

(3)马钱科 Logniaceae

醉鱼草属 *Buddleia*

皱叶醉鱼草 *Buddleia crispa*

(4)龙胆科 Gentianaceae

龙胆属 *Gentiana*

尖叶龙胆 *Gentiana aristata*

达乌里龙胆 *Gentiana dahurica*

散卧龙胆 *Gentiana leucomnelaena*

秦艽 *Gentiana macrophylla*

麻花艽 *Gentiana straminear*

蓝玉簪龙胆 *Gentiana veitchiorum*

大花龙胆 *Gentina veitchiorum*

花锚属 *Halenia*

椭圆叶花锚 *Halenia elliptica*

獐牙菜属 *Swertia*

华北獐牙菜 *Swertia wolfingiana Gruning*

扁蕾属 *Gentianopsis*

湿生扁蕾 *Gentianopsis paludosa*

(5)紫草科 Boraginaceae

微孔草属 *Microula*

微孔草 *Microula sikkimensis*

附地菜属 *Trigonotis*

附地菜 *Trigonotis peduncularis*

(6)唇形科 Labiatae

藿香属 *Agostacher*

藿香 *Agostacher ugosa*

筋骨草属 *Ajuga*

白苞筋骨草 *Ajuga lupulina*

香薷属 *Elsholtizia*

密花香薷 *Elsholtizia densa*

独一味属 *Lamiophlomis*

独一味 *Lamiophlomis rotata*

青兰属 *D. tanguticum*

异叶青兰 *D. tanguticum Maxim*

荆芥属 *Nepeta*

兰花荆芥 *Nepeta coerrulescens*

康滇荆芥 *Nepeta prattii*

糙苏属 *Phlomis*

草原糙苏 *Phlomis pratensis*

糙苏 *Phlomis umbrosa*

鼠尾草属 *Prumella*

戟叶鼠尾草 *Prumella bullegana*

甘西鼠尾草 *Saliva przenwalskii*

黄芩属 *Scutellaria*

川黄芩 *Scutellaria hypericiflolia*

(7)玄参科 Scrophulariaceae

兔耳草属 *Lagotis*

短穗兔耳草 *Lagotis brachystachys*

肉果草属 *Lancea*

肉果草 *Lancea tibetica*

玄参属 *Oreosolen*

藏玄参 *Oreosolen wattii*

马先蒿属 *Pedicularis*

极丽马先蒿 *Pedicularis decorissima*

多花马先蒿 *Pedicularis floribunda*

绒舌马先蒿 *Pedicularis lachnoglossa*

碎米蕨叶马先蒿 *Pedicularis cheilanthifolia*

斑唇马先蒿 *Pedicularis longiflora*

甘肃马先蒿 *Pedicularis kansuenis*

青海马先蒿 *Pedicularis przewalskii*

藓生马先蒿 *Pedicularis musicola*

婆婆纳属 *Veronica*

长果婆婆纳 *Veronica ciliata*

毛果婆婆纳 *Veronica eriogyne*

(8)紫葳科 Bignoniaceae

角蒿属 *Incarvillea*

大花角蒿 *Incarvillea mairei var. grandifora*

四川角蒿 *Incarvillea beresowskii*

密花角蒿 *Incarvillea compacta*

(9)列当科 Orobanchaceae

丁座草属 *Xylanche*

丁座草 *Xylanche himalaica*

(10)车前科 Plantaginaceae

车前属 *Plantago*

平车前 *Plantago depressa*

大车前 *Plantago major*

(11)茜草科 Rubiac

猪殃殃属 *Galium*

小猪殃殃 *Galium trifidum. var. modestum*

茜草属 *Galium*

蓬子菜 *Galium verum*

大叶茜草 *Rubia leiocaulis*

(12)忍冬科 Caprifoliaceae

接骨木属 *Sambucus*

接骨草 *Sambucus chiensis*

荚蒾属 *Viburnum*

蒙古荚蒾 *Viburnum farreri*

忍冬属 *Lonicera*

岩生忍冬 *Lonicera rupicola*

红花岩生忍冬 *Lonicera var. syringantha*

唐古特忍冬 *Lonicera tangutica*

葱皮忍冬 *Lonicera Ferdinandii*

陇塞忍冬 *Lonicera tangutica*

华西忍冬 *Lonicera tatsienensis*

蓝靛果 *Lonicera caerulea*

莛子藨属 *Triosteum*

莛子藨 *Triosteum pinnarficlum*

(13)败酱科 Valerrianaceae

缬草属 *Valeriana*

缬草 *Valeriana officenalis L*

小缬草 *Valeriana martignovii Batal*

西北缬草 *Valeriana tangutica Batal*

窄裂缬草 *Valeriana stenoptera*

甘松属 *Nardostachys*

甘松 *Nardostachys chinensis*

(14)川续断科 Dipsaceae

续断属 *Dispsacus*

大头续断 *Dispsacus chinensis*

刺参属 *Morina*

刺参 *Morina betonicodes*

(15)桔梗科 Campanulaceae

沙参属 *Adenophora*

长柱沙参 *Adenophora stenenanthia*

川藏沙参 *Adenophora liliifolioides*

泡沙参 *Adenophora potaninii*

风铃草属 *Campanula*

钻裂风铃草 *Campanula aristata*

党参属 *Codonopsis*

三角叶党参 *Codonopsis deltoidea*

兰钟花属 *Cyananthus*

川西兰钟花 *Cyananthus dolichosceles*

(16)菊科 Compositae

亚菊属 *Ajania*

千叶亚菊 *Ajania myrianinii*

川甘亚菊 *Ajania potaninii*

细叶亚菊 *Ajania tenuifolia*

香青属 *Anaphalis*

淡黄香青 *Anaphalis flavescens*

乳白香青 *Anaphalis lactea*

宽翅香青 *Anaphalis latialata*

绿株宽翅香青 *Anaphalis var viridis*

牛蒡属 *Arctium*

牛蒡 *Arctium lappa*

蒿属 *Artemisia*

狭叶青蒿 *Artemisia dracunculus*

毛莲蒿 *Artemisia vestita*

白莲蒿 *Artemisia dracunculus*

牛尾蒿 *Artemisia subdigitata*

蒙古蒿 *Artemisia mongolica*

猪毛蒿 *Artemisia scoparia*

黄花蒿 *Artemisia annua*

蟹甲草属 *Cacalia*

蛛毛蟹甲草 *Cacalia roborowskii*

阔叶蟹甲草 *Cacalia laripes*

紫菀属 *Aster*

三褶脉紫菀 *Aster ageratoides*

巴塘紫箢 *Aster batabgesis*

短毛紫菀 *Aster brachytrichus*

重冠紫箢 *Aster diplostephioides*

喜马拉雅紫菀 *Aster himalaicus*

紫菀 *Aster tataricus*

缘毛紫菀 *Aster souliei*

东俄洛紫箢 *Aster tonfolensis*

还羊参属 *Crepis*

还羊参 *Crepis crosea*

天名精属 *Carpesium*

天名精 *Carpesium lipskyi*

飞廉属 *Carduas*

飞廉 *Carduas crispus*

蓟属 *Cirsium*

大蓟 *Cirsium japonicum*

聚头蓟 *Cirsium souliei*

小飞蓬 *Conyza Canadensis*

垂头菊属 *Cremanthodium*

条叶垂头菊 *Cremanthodium lineare*

车前叶垂头菊 *Cremanthodium plantagineum*

旋覆花属 *Fladimiria*

川木香 *Fladimiria souliei*

莴苣属 *Lactuca*

青苷莴苣 *Lactuca roborowskii*

火绒草属 *Leontopodium*

美头火绒草 *Leontopodium calocephalum*

戟叶火绒草 *Leontopodium dedekensii*

香芸火绒草 *Leontopodium haplopphylloides*

藏橐吾 *Ligularia leesicotal*

橐吾属 *Ligularia*

川滇橐吾 *Ligularia limprichii*

箭叶橐吾 *Ligularia sagitta*

黄帚橐吾 *Ligularia virgaurea*

苦卖菜属 *Lxeris*

苦卖菜 *Lxeris denticulate*

川西小黄菊 *Pyrethum tatsienense*

风毛菊属 *Saussurea*

羽裂风毛菊 *Saussurea bodinieri*

林生风毛菊 *Saussurea sylvatica*

青藏风毛菊 *Saussurea bella*

草地风毛菊 *Saussurea amara*

球花风毛菊 *Saussurea globosa*
鼠麴风毛菊 *Saussurea gnaphalodes*
星状风毛菊 *Saussurea stella*
美丽风毛菊 *Saussurea superba*
长叶风毛菊 *Saussurea verticillatum*
千里光属 *Senecio*
千里光 *Senecio scandens*
深裂千里光 *Senecio scandens*
绢毛菊属 *Soroseria*
绢毛菊 *Soroseria hookeriana*
蒲公英属 *Taraxacum*
蒲公英 *Taraxacum dissectum*
川甘蒲公英 *Taraxacum lugubre*
川藏蒲公英 *Taraxacum maurocarpum*
黄鹌菜属 *Youngia*
黄鹌菜 *Youngia japonica*
(17)茄科 Solanaaceae
马尿泡属 *Przewalskia*
马尿泡 *Przewalskia tangutica*
天仙子属 *Hyoscyamus*
天仙子 *Hyoscyamus niger*
茄属 *Solanum*
野海茄 *Solanum japonense*
赛莨菪属 *Anisodus*
甘青赛莨菪 *Anisodus tanguticus*
(18)旋花科 Convolvulaceae
菟丝子属 *Cuscuta*
菟丝子 *Cuscuta japonica*
牵牛属 *Pharbitis*
圆叶牵牛 *Pharbitis purpurea*

(19)鹿蹄草科 Pyrolaceae

鹿蹄草属 *Pyrola*

鹿蹄草 *Pyrola rotundifolia*

(20)木犀科 Oleaceae

丁香属 *Syringa*

小叶丁香 *Syringa pubescens*

四川丁香 *Syringa sueginzowii*

(二)单子叶植物纲 *Monocotyledoneae*

(1) 禾本科 *Gramineae*

芨芨草属 *Achnatherum*

甘青芨芨草 *Achnatherum chingii*

翦股颖属 *Agrostis*

短穗翦股颖 *Agrostis hutoniana*

川滇翦股颖 *Agrostis limprichtii*

短柄草属 *Brachypodium*

短柄草 *Brachypodium sylvaticum*

细株短柄草 *Brachypodium sylvaticum*

披碱草 *Clinelymus dahuricus*

垂穗披碱草 *Elymus nutans*

羊茅属 *Festuca*

羊茅 *Festuca ovina*

紫羊茅 *Festuca rubra*

中华羊茅 *Festuca sinensis*

早熟禾属 *Poa*

细叶早熟禾 *Poa angustifolia*

疏花早熟禾 *Poa chalarantha*

光盘早熟禾 *Poa elanata*

密花早熟禾 *Poa pachyantha*

波伐早熟禾 *Poa poiphagorum*

草地早熟禾 *Poa prateris*

细长早熟禾 *Poa prolixior*

套鞘早熟禾 *Poa tunicata*

细柄茅 *Ptilagrostis mongholica*

长颖鹅冠草 *Roegneria longiglumis*

鹅观草属 *Roegneria*

垂穗鹅观草 *Roegneria nutans*

狗尾草属 *Setaria*

狗尾草 *Setaria viridis*

针茅属 *Sytipa*

异针茅 *Sytipa aliena*

丝颖针茅 *Sytipa capillacea*

双叉细柄茅 *Ptilagrostis dichotoma*

(2)莎草科 Cyperaceae

苔草属 *Carex*

高山苔草 *Carex alpina*

黑褐苔草 *Carex atrofusca*

丝叶苔草 *Carex capilliformis*

青藏苔草 *Carex moorercroftii*

粗根苔草 *Carex pachyrrhiza*

小苔草 *Carex parva*

川滇苔草 *Carex schneideri*

嵩草属 *Kobresia*

矮生嵩草 *Kobresia humilis*

甘肃嵩草 *Kobresia kansuensis*

高山嵩草 *Kobresia pygmaea*

四川嵩草 *Kobresia setchwanensis*

西藏嵩草 *Kobresia tibtica*

(3)天南星科 Araceae

天南星属 *Arisaema*

天南星 *Arisaema consanguineum*

半夏属 *Pinellia*

半夏 *Pinellia consanguineum*

(4)灯心草科 Juncus

灯心草属 *Juncns*

走茎灯心草 *Juncns amplifolius*

葱状灯心草 *Juncns concinnus*

(5)百合科 Liliaceae

葱属 *Allium*

大花韭 *Allium macranthum*

滇韭 *Allium mairei*

高山韭 *Allium sikkimense*

天门冬属 *Asparagas*

羊齿天门冬 *Asparagas filicinus*

贝母属 *Fritillaria*

川贝母 *Fritillaria cirrhosa*

暗紫贝母 *Fritillaria unibracteata*

百合属 *Liliium*

山丹 *Liliium pumilum*

宝兴百合 *Liliium duchartrei*

洼瓣花属 *Lloydia*

紫斑洼瓣花 *Lloydia tibetica*

洼瓣花 *Lloydia serotina*

黄精属 *Polygonatum*

卷叶黄精 *Polygonatum cirrhifolium*

垂叶黄精 *Polygonatum curvistylum*

轮叶黄精 *Polygonatum verticillatum*

菝葜属 *Smilax*

鞘柄菝葜 *Smilax stans*

(6)鸢尾科 Iridaceae

鸢尾属 *Irs*

锐果鸢尾 *Irs goriocarpa*

(7)兰科 Orchidaceae

杓兰属 *Cypripedium*

绿花杓兰 *Cypripedium henryi*

毛杓兰 *Cpripedum franchetii*

火烧兰属 *Epipactis*

小花火烧兰 *Epipactis helloborine*

Ⅱ. 研究区陆生动物名录

一、两栖纲 Amphibia

无尾目 Salientia

参差型亚目 Diplasiocoela

蛙科 Ranidae

高原林蛙 *Rana kukunoris*

前凹型亚目 *Procoela*

蟾蜍科 Bufonidae

中华蟾蜍 *Bufo garffarizans*

岷山蟾蜍 *B. minshanicus*

二、爬行纲 Reptilia

有鳞目 Squamata

蜥蜴亚目 Sauria

鬣蜥科 Agamidae

草绿攀蜥 *Japalura flaviceps*

蛇亚目 Opluidia

游蛇科 Colubridae

锈链腹链蛇 *Amphiesma craspedogaster*

枕纹锦蛇 *Elaphe dione*

虎斑颈槽蛇 *Rhabdophis lateralis*

蝰蛇科 Viperidae

高原蝮 *Agkistrodon strauchi*

菜花原矛头蝮 *Protobothrops jerdonii*

三、鸟纲 Aves

(1)鹳形目 Ciconiformes

鹭科 Ardeidae

苍鹭 *Ardea cinerea*

(2)雁形目 Anseriformes

鸭科 Anatidae

绿翅鸭 *Anser crecca*

绿头鸭 *Anas platyrhynchos*

小天鹅 *Cygnus columbianus*

大天鹅 *Cygnus cygnus*

疣鼻天鹅 *Cygnus olor*

普通秋沙鸭 *Mergus merganser*

赤麻鸭 *Tadorna ferruginea*

(3)隼形目 Falconiformes

鹰科 Accipitridae

苍鹰 *Accipiter gentiles*

雀鹰 *Accipiter nisus*

金雕 *Aquila chrysaetos*

草原雕 *Aquila rapax*

普通鵟 *Buteo buteo*

大鵟 *Buteo hemilasius*

白尾鹞 *Circus cyaneus*

秃鹫 *Aegypius monachus*

高山兀鹫 *Gypaetuss himalayensis*

胡兀鹫 *Gypaetus barbatus hemachalanus*

玉带海雕 *Haliaetus leucoryphus*

鸢 *Milvus korschun linestus*

隼科 Falconidae

猎隼 *Falco cherrug*

红隼 *Falco tinnunculus*

燕隼 *Falco subbuteo*

(4)鸡形目 Galliformes

雉科 Phasianidae

雉鹑 *Tetraophasis obscurus*

藏马鸡 *Crossoptilon crossoptilon*

血雉 *Ithaginis cruentus*

绿尾虹雉 *Lophophorus lhuysii*

勺鸡 *Pucrasia macrolopha*

藏雪鸡 *Tetraogallus tibetanus*

雉鸡 *Phasianus colchicus*

(5)鹤形目 Gruiformes

鹤科 Gruidae

灰鹤 *Grus grus*

(6)鸻形目 Charadriiformes

鸻科 Charadriidae

环颈鸻 *Charadrius alexandrinus*

金斑鸻 *Pluvialis dominica*

鹬科 *Scolopacidae*

孤沙锥 *Gallinago solitaria*

林鹬 *Tringa glareola*

矶鹬 *Tringa hypoleucos*

红脚鹬 *Tringa lotanus*

白腰草鹬 *Tringa ochropus*

反嘴鹬科 *Recurvirostridae*

鹮嘴鹬 *Ibidorhyncha struthersii*

(7)鸽形目 Columbiformes

鸠鸽科 Columbidae

岩鸽 *Columbia rupestris*

雪鸽 *Columbia leuconota*

灰斑鸠 *Streptopelia decaocto*

火斑鸠 *Oenopopelia tranquebarica*

山斑鸠 *Streptopelia orientalis*

沙鸡科 Pteroclididae

西藏毛腿沙鸡 *Syrrhaptes tibetanus*

(8)鸥形目 Lariformes

鸥科 Laridae

棕头鸥 *Larus brunnicephalus*

普通燕鸥 *Sterna hirundo*

(9)鹃形目 Cuculiformes

杜鹃科 Cuculidae

大杜鹃 *Cuculus canorus*

(10)鸮形目 Strigiformes

鸱鸮科 Tytonidae

雕鸮 *Bubo bubo*

纵纹腹小鸮 *Athene noctua*

(11)雨燕目 Apodiformes

雨燕科 Apodidae

白腰雨燕 *Apus pacificus*

(12)佛法僧目 Coraciiformes

戴胜科 Upupidae

戴胜 *Upupa epops*

(13)䴕形目 Piciformes

啄木鸟科 Picidae

蚁䴕 *Jynx torquilla*

大斑啄木鸟 *Picoides major*

黑啄木鸟 *Dryocopus martius*

黄颈啄木鸟 *Picoides darjellensis*

棕腹啄木鸟 *Picoides hyperythrus*

三趾啄木鸟 *Picoides tridactylus*

(14)雀形目 Passeriformes

卷尾科 Dicruridae

黑卷尾 *Dicrurus macrocecu*

百灵科 Alaudidae

小云雀 *Alauda gulgula*

角百灵 *Eremophila alpestris*

长嘴百灵 *Melanocorypha maxima*

燕科 Hirundinidae

烟腹毛脚燕 *Delichon dasypus*

岩燕 *Ptyonoprogne rupestris*

鹡鸰科 Motacillidae

树鹨 *Anthus hodgsoni*

粉红胸鹨 *Anthus roseatus*

白鹡鸰 *Motacilla alba*

灰鹡鸰 *Motacilla cinerea*

黄头鹡鸰 *Motacilla citreola*

伯劳科 Laniidae

灰背伯劳 *Lanius tephronotu*

楔尾伯劳 *Lanius sphenocercus*

鸦科 Corvidae

小嘴乌鸦 *Corvus corone*

寒鸦 *Corvus monedula*

达乌里寒鸦 *Corvus dauuricus*

大嘴乌鸦 *Corvus macrorhynchus*

黑头噪鸦 *Perisoreus internigrans*

褐背拟地鸦 *Pseudopodoces humilis*

红嘴山鸦 *Pyrrhocorax pyrrhocorax*

黄嘴山鸦 *Pyrrhocorax graculus*

河乌科 Cinclidae

河乌 *Cinclus cinclus*

褐河乌 *Cinclus pallasii*

鹪鹩科 Troglodytidae

鹪鹩 *Troglodytes troglodytes*

岩鹨科 Prunellidae

领岩鹨 *Prunella collaris*

鸲岩鹨 *Prunella rubeculoides*

棕胸岩鹨 *Prunella strophiata*

褐岩鹨 *Prunella fulvescens*

栗背岩鹨 *Prunella immaculata*

鹟科 Muscicapidae

鸫亚科 Turdinae

白顶溪鸲 *Chaimarrornis leucocephalus*

蓝大翅鸲 *Grandala coelicolor*

蓝额红尾鸲 *Phoenicurus frontalis*

黑喉红尾鸲 *Phoenicurus hodgsoni*

赭红尾鸲 *Phoenicurus ochruros*

白喉红尾鸲 *Phoenicurus schisticeps*

红胁蓝尾鸲 *Tarsiger cyanurus*

蓝矶鸫 *Monticola solitarius*

紫啸鸫 *Myiophoneus caeruleus*

棕背黑头鸫 *Turdus kessleri*

虎斑地鸫 *Zoothera dauma*

画眉亚科 Timaliinae

褐头雀鹛 *Alcippe cinereiceps*

高山雀鹛 *Alcippe striaticollis*

矛纹草鹛 *Babax lanceolatus*

橙翅噪鹛 *Garrulax ellioti*

大噪鹛 *Garrulax maximus*

斑胸钩嘴鹛 *Pomatorhinus erythrocnemis*

白领凤鹛 *Yuhina diademata*

莺亚科 Sylviinae

中华短翅莺 *Bradypterus tacsanowskius*

凤头雀莺 *Lophobasileus elegans*

黄腹柳莺 *Phylloscopus affinis*

褐柳莺 *Phylloscopus fuscatus*

黄眉柳莺 *Phylloscopus inornatus*

灰喉柳莺 *Phylloscopus maculipennis*

乌嘴柳莺 *Phylloscopus magnirostris*

淡黄腰柳莺 *Phylloscopus chloronotus*

橙斑翅柳莺 *Phylloscopus pulcher*

戴菊 *Regulus regulus*

鹟亚科 Muscicapinae

锈胸蓝姬鹟 *Ficedula hodgsonii*

乌鹟 *Muscicapa sibirica*

山雀科 Paridae

褐冠山雀 *Parus dichrous*

大山雀 *Parus major*

沼泽山雀 *Parus palustris*

黑冠山雀 *Parus rubidiventris*

旋木雀科 Certhiidae

高山旋木雀 *Certhia himalayana*

文鸟科 Ploceidae

棕颈雪雀 *Montifringilla ruficollis*

树麻雀 *Passer montanus*

山麻雀 *Passer rutilans*

雀科 Fringillidae

黄嘴朱顶雀 *Carduelis flavirostris*

曙红朱雀 *Carpodacus eos*

普通朱雀 *Carpodacus erythrirus*

暗胸朱雀 *Carpodacus nipalensis*

红胸朱雀 *Carpodacus puniceus*

白眉朱雀 *Carpodacus thura*

戈氏岩鹀 *Emberiza godlewskii*

五、哺乳纲 *Mammalia*

(1)灵长目 Primates

猴科 Cercopithecidae

猕猴 *Macaca mulatta*

(2)食肉目 Carnivora

熊科 Ursidae

棕熊 *Ursus arctos pruinosus*

黑熊 *Selenarctos thibetanus*

犬科 Canidae

豺 *Cuon alpinus*

狼 *Canisl upus*

藏狐 *Vulpes ferrilata*

赤狐 *Vulpes vulpes*

鼬科 Mustelidae

狗獾 *Meles meles*

水獭 *Lutra lutra*

黄喉貂 *Martes flavigula*

石貂 *Martes foina*

黄鼬 *Mustela sibirica*

猫科 Felidae

豹猫 *Felis bengalensis*

荒漠猫 *Felis bieti*

兔狲 *Felis manul*

猞猁 *Lynx lynx*

(3)偶蹄目 Artiodactyla

麝科 Moschidae

林麝 *Moschus berezovskii*

马麝 *Moschus sifanicus*

鹿科 Cervidae

白唇鹿 *Cervus albirostris*

狍 *Capreolus capreolus*

白臀鹿 *Cervus elaphusmacneilli*

四川梅花鹿 *Cervus nippon*

水鹿 *Cervus unicolor*

牛科 Bovidae

鬣羚 *Capricornis sumatraensis*

斑羚 *Nemorhedus goral*

岩羊 *Pseudois nayaur*

(4)兔形目 Lagomorpha

兔科 Leporidae

高原兔 *Lepus oiostolus*

鼠兔科 Ochotonidae

间颅鼠兔 *Ochotona cancas*

川西鼠兔 *Ochotona gloveri*

灰鼠兔 *Ochotona roylei*

(5)啮齿目 Rodentia

松鼠科 Sciuridae

喜马拉雅旱獭 *Marmota himalayana*

鼠科 Muridae

高山姬鼠 *Apodemus chevrieri*

川西白腹鼠 *Niviventer excelsior*

小家鼠 *Mus musculus*

褐家鼠 *Rattus norvegicus*

鼢鼠科 Myospalacinae

高原鼢鼠 *Myosplax baileyi*

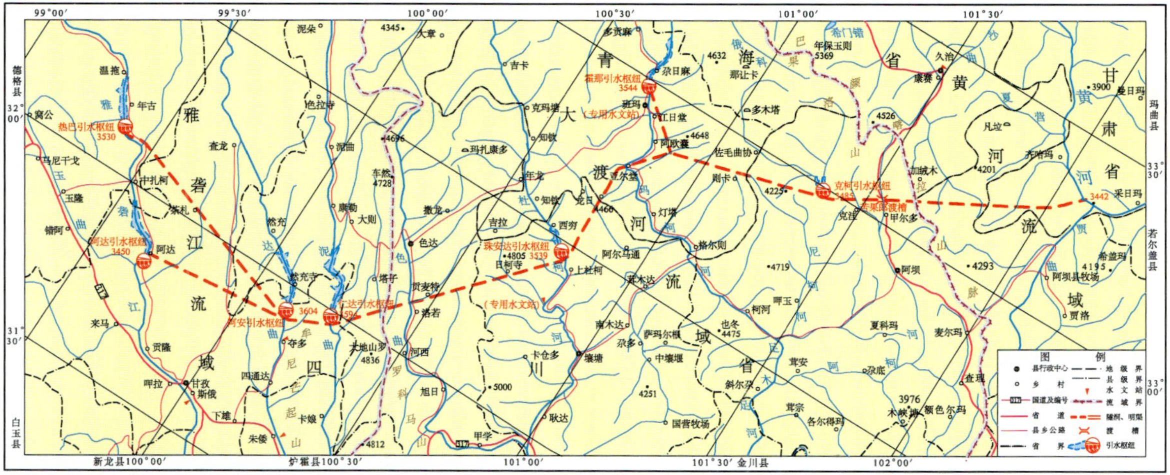

附图 1　南水北调西线第一期工程水源结合方案工程线路图

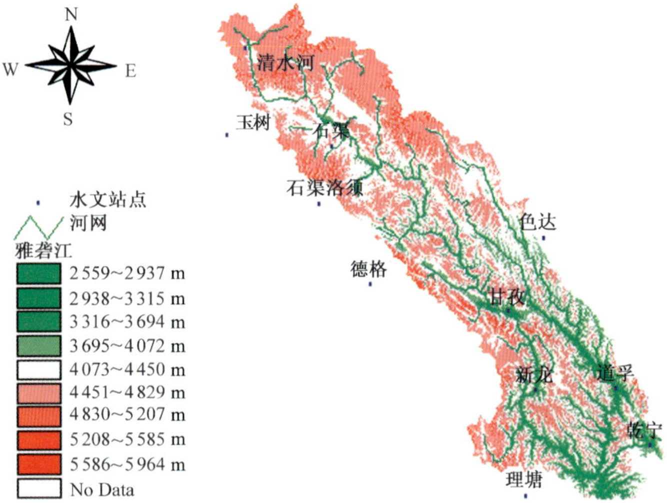

附图 2　雅砻江流域 DEM 地形图

附图 3　甘孜县城上雅砻江出山口地形卫星影像图

附图 4　甘孜县城处雅砻江地形卫星影像图

附图 5　新龙峡谷上段雅砻江河谷地形卫星影像图

附图 6　雅砻江—温托乡段

附图 7　雅砻江—扎柯乡段 1

附图 8　雅砻江—扎柯乡段 2

附图 9　雅砻江—雅江

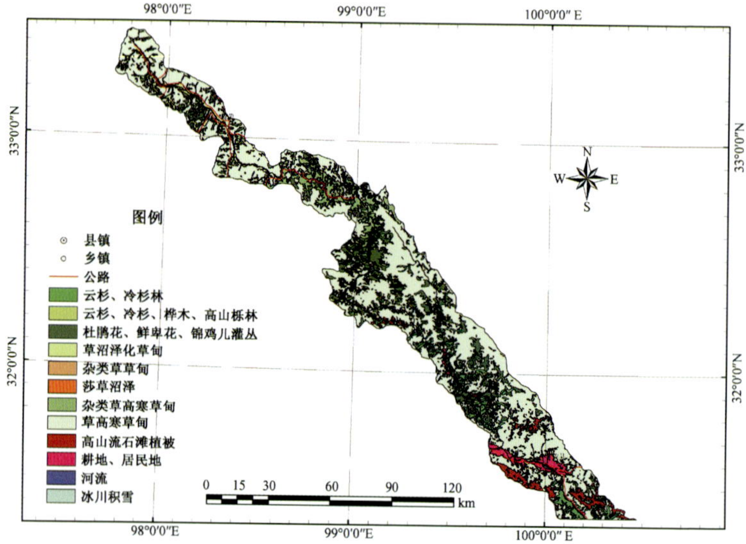

附图 10　研究区雅砻江干流流域植被类型图

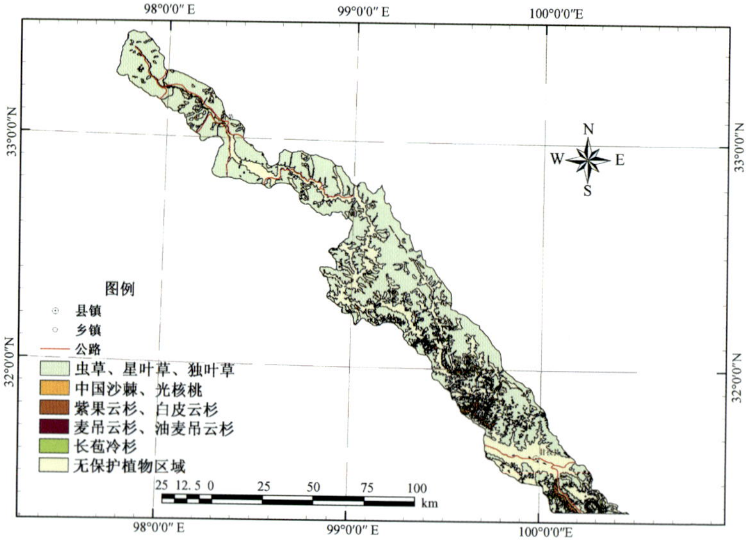

附图 11　研究区雅砻江干流流域珍稀保护植物分布图

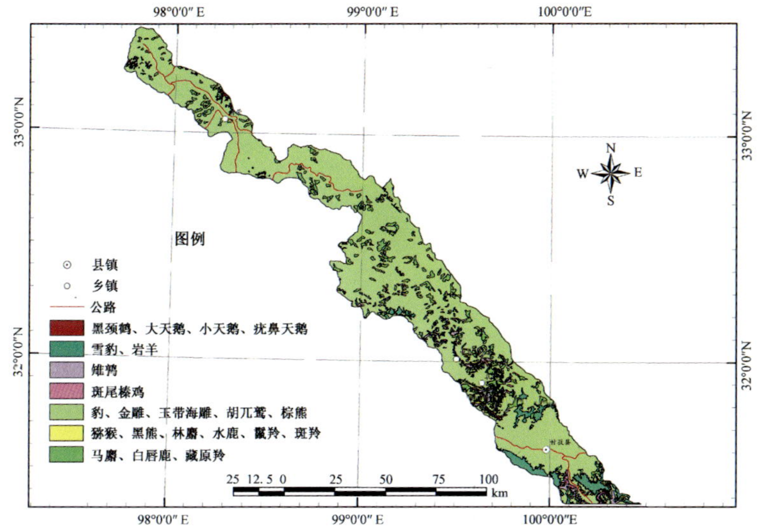

附图 12　研究区雅砻江干流流域珍稀保护动物分布图

花斑裸鲤

Gymnocypris eckloni Herzenstein

软刺裸裂尻鱼

Schizopygopsis malacanthus Herzenstein

大渡软刺裸裂尻鱼

Schizopygopsis malacanthus chengi(Fang)

黄河裸裂尻鱼

Schizopygopsis pylzovi Kessler

似鲇高原鳅

Triplophysa siluroides (Herzenstein)

青石爬鮡

Euchiloglanis davidi (Sauvage)

附图 13　几种主要鱼类图